JN236928

図解入門
How-nual
Visual Guide Book

よくわかる最新
パワー半導体の基本と仕組み

注目テクノロジーの展開を追う
先端技術の精華

佐藤 淳一 著

秀和システム

●**注意**
(1) 本書は著者が独自に調査した結果を出版したものです。
(2) 本書は内容について万全を期して作成いたしましたが、万一、ご不審な点や誤り、記載漏れなどお気付きの点がありましたら、出版元まで書面にてご連絡ください。
(3) 本書の内容に関して運用した結果の影響については、上記(2)項にかかわらず責任を負いかねます。あらかじめご了承ください。
(4) 本書の全部または一部について、出版元から文書による承諾を得ずに複製することは禁じられています。
(5) 商標
本書に記載されている会社名、商品名などは一般に各社の商標または登録商標です。

はじめに

　本書は最近注目を集めているパワー半導体の入門書として書きました。読者層はパワー半導体に興味を持つ文系とか理系を問わずにビジネス関係者や学生を対象にし、ある程度の半導体の基礎知識を持っておられる方と想定しました。パワー半導体に関するビジネスに関わりたい方や、これからパワー半導体への道に進みたいと考えている方に興味を持ってもらえるように、内容は"浅く広く"という姿勢で書いております。

　ただし、雑学的な内容というよりは色々な立場の方が読むであろうということから、多少技術的な内容も織り込みました。パワー半導体はどういうものであり、その歴史や動作の原理、応用、材料などを取り上げました。材料やデバイスの原理的な説明のところで多少理系向きの話も出てきますが、よくわからない方は飛ばして読んでいただいても構わない構成にしたつもりです。半導体を多少知っておられる方でもあまり良く知られていない用語は脚注という形で簡単な説明を入れました。応用市場については各市場を全体的に俯瞰しましたが、パワー半導体を実際の機器で使用する際についての話は他の本を参考にして頂ければと思います。

　図解シリーズということで、筆者のポリシーでもありますが、
・わかりやすいイメージの図や表で統一しました。
・実際の姿に近付けるため、半導体製造現場に近い視点からも解説しました。
・なるべく歴史的経緯にふれることで現状を理解やすくしました。
などに留意しました。特に他の半導体デバイスとの違いを色々解説してあり、この本の特徴になっていると思います。各章の構成については、"この本での表記法・使い方"を読んでいただければと思います。以上、筆者が思ったことが実現されて、本書が多くの方のお役に立てば望外の幸いです。

　本書の内容について、筆者は長年半導体関係の仕事をした中で、多くの方からご教示・ご助言頂き、それがこの本の骨子になっております。また、巻末に参考文献等を挙げましたが、その他の先達の著書も参考にさせていただきました。いちいち挙げられませんが、以上の方々にこの場を借りて御礼申し上げますとともに多少なりとも半導体業界への恩返しになればと思います。

　また、秀和システムのご担当の方からは色々ご助言、ご指導いただきました。これについても末筆ながら、深く御礼申し上げます。

平成23年4月
佐藤淳一

図解入門よくわかる
最新パワー半導体の基本と仕組み

CONTENTS

はじめに 3
この本での表記法・使い方 8

第1章 パワー半導体の全貌を俯瞰する

1-1 電子部品の中の半導体デバイスの位置付け 10
1-2 半導体デバイスから見たパワー半導体 12
1-3 パワー半導体を人体にたとえると？ 16
1-4 パワー半導体の歴史を振り返る 19
1-5 シリコンのバイポーラ型半導体の発展 22
1-6 パワーMOSFETの登場 25
1-7 バイポーラとMOSの融合体IGBTの登場 28

第2章 パワー半導体の原理と動作

2-1 一方通行のダイオード 32
2-2 大電流のバイポーラトランジスタ 36
2-3 双安定なサイリスタ 41
2-4 高速動作のパワーMOSFET 44
2-5 エコ時代のIGBT 49

2-6	パワー半導体の課題を探る	53
2-7	パワー半導体とMOS LSIの違い	56
2-8	ここが違うパワー半導体プロセス	59

第3章 パワー半導体の用途と市場

3-1	NANDフラッシュを越える市場規模	64
3-2	上流から下流で活躍するパワー半導体	66
3-3	交通インフラとパワー半導体	69
3-4	自動車用パワー半導体	73
3-5	情報・通信にも欠かせないパワー半導体	76
3-6	家電とパワー半導体	78

第4章 パワー半導体の分類

4-1	用途で分類したパワー半導体	82
4-2	材料で分類したパワー半導体	84
4-3	構造・原理で分類したパワー半導体	87
4-4	大容量から小容量までのパワー半導体	91

第5章 パワー半導体用ウェーハに切り込む

5-1	シリコンウェーハとは？	94
5-2	シリコンウェーハの作製法の違い	97
5-3	メモリやロジックと異なるFZ結晶	100
5-4	なぜFZ結晶が必要か？	102
5-5	6インチ径も出てきたSiCウェーハ	105

5-6　GaNウェーハ の難しさ—ヘテロエピとは？ 108
5-7　ウェーハメーカの動向 110

第6章 新しいシリコンパワー半導体と世代交代

6-1　パワー半導体の世代とは？ 114
6-2　パワーMOSFETからIGBTへの変換 117
6-3　パンチスルーとノンパンチスルー 119
6-4　フィールドストップ型の登場 122
6-5　IGBT型の発展形を探る 125
6-6　IPM化が進むパワー半導体 128
6-7　冷却とパワー半導体 131

第7章 シリコンの限界に挑むSiCとGaN

7-1　シリコンの限界とは？ 134
7-2　SiCのメリットと課題とは？ 136
7-3　実用化が進むSiCインバータ 139
7-4　GaNのメリットと課題 142
7-5　GaNでノーマリーオフへ挑戦！ 144

第8章 パワー半導体が拓く未来予想図

8-1　グリーンディール政策とパワー半導体 148
8-2　スマートグリッドとパワー半導体 150
8-3　メガソーラに欠かせないパワー半導体 154
8-4　燃料電池とパワーデバイス 156
8-5　21世紀型交通インフラとパワー半導体 159

8-6　期待される横断的テクノロジーとしてのパワー半導体......162

索引 166
参考文献 173

この本での表記法・使い方

【表記法】
　現行主流に使用されている表記にするようにしました。
①例えば、MOSFETですが、古い本にはMOS FETとかMOS-FETという表記が多かった（筆者もそのように記していました）のですが、最近は学会や英語の本の表記でもMOSFETと記していますので、本書でもそのようにしました。FETが付く表記、例えば、JFETもこのようにしました。MOS LSIはこの表記にしました。
②ウェーハの径の表記は150mm以上ではmm表記で行なうのですが、業界誌や新聞では慣習でインチ表記しているため、この本では混乱を避けるために敢えてインチ表記にしておきました。

【使い方】
　各自のやりやすい方法で読んでいただければと思いますが、参考までに著者の意図を記しておきますと、この本では各内容について二段構成にしました。
①パワー半導体デバイスについては第1章と第2章で触れていますが、第2章でより深く掘り下げるという構成にしました。
②応用については第3章と第8章で触れています。第3章では今までの実績も含めた内容にし、第8章は未来志向の内容にしました。
③パワー半導体の基板材料については第5章で触れ、更に新しい傾向のパワー半導体については、シリコンは第6章で、その他は第7章で触れる構成にしました。第4章は幕間といったところです。
　一応、章の順に読んでいただけると理解しやすいと思っておりますが、個人差もあるので、あくまで参考として下さい。
　第2章、第5章から第7章は理系向きの内容になっていますが、式や回路図はなるべく使用しないようにしましたが、一部は使用しております。抵抗感のある方は文章を追っていただければと思います。

第1章

パワー半導体の全貌を俯瞰する

この章ではパワー半導体がどういうものであるか、色々な視点から見てゆきます。パワー半導体の製品としての位置付けや役割、歴史的な流れを概観したいと思います。

1-1 電子部品の中の半導体デバイスの位置付け

この章ではパワー半導体の全体像を理解してもらうために色々な視点からパワー半導体に迫ってきます。まずは市場が約200兆円といわれる電子部品の中での半導体デバイスの位置付けを見てみます。

▶▶ 電子部品とは？

その前に電子部品（電子デバイスともいいます）とは何か見てゆきましょう。図表1-1-1に電子部品の分類を示してみました。エレクトロニクスの分野は非常に裾野が広くてこれだけではないかも知れませんが、主なものは図表1-1-1に示すとおりです。パワー半導体はいうまでもなく、半導体の中の**単機能半導体**に含まれます。

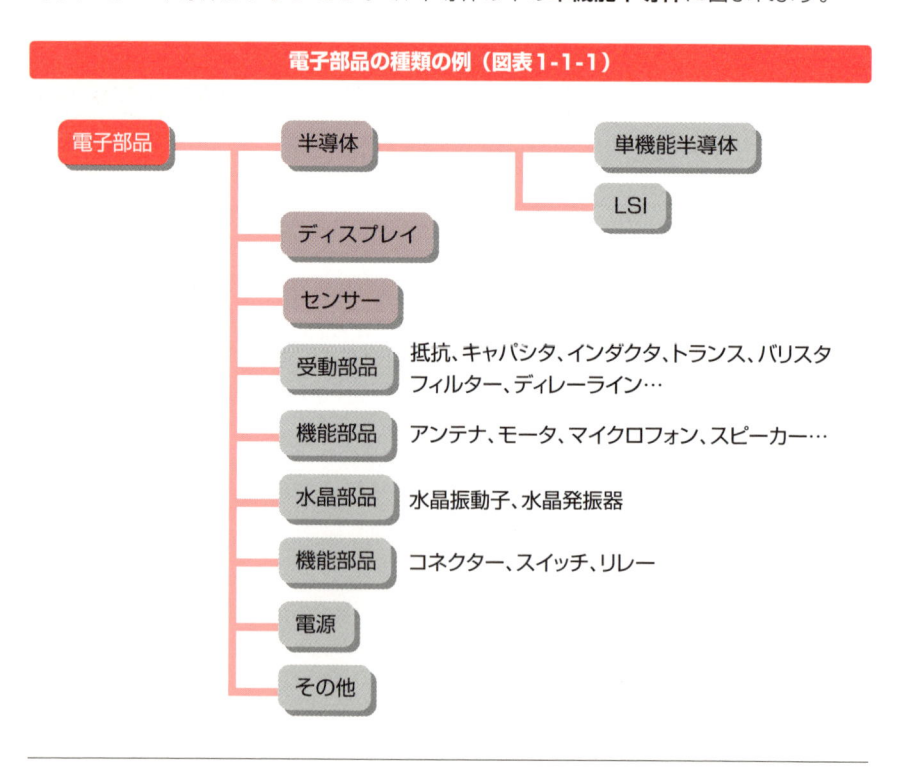

電子部品の種類の例（図表1-1-1）

- 電子部品
  - 半導体
    - 単機能半導体
    - LSI
  - ディスプレイ
  - センサー
  - 受動部品：抵抗、キャパシタ、インダクタ、トランス、バリスタ、フィルター、ディレーライン…
  - 機能部品：アンテナ、モータ、マイクロフォン、スピーカー…
  - 水晶部品：水晶振動子、水晶発振器
  - 機能部品：コネクター、スイッチ、リレー
  - 電源
  - その他

▶▶ 高速スイッチングが可能な半導体デバイス

　次にこれらの電子部品の中に占める半導体デバイスについてみてゆきます。その前に半導体とは何かですが、簡単に触れておきます。

　図表1-1-2に電気を通す性質により、半導体を金属や絶縁体と対比させて示してみましたが、半導体の最大の特徴は、この導電体にもなりうるし、絶縁体にもなりうるという性質です。また後で詳しく述べますが、それを電気的な作用で行なうことができることが特徴です。言い換えると実際に電気を流したり、遮断したりすることが可能ということです。しかも半導体はそれを電気的な作用で行なうので、高速でオン・オフすることが可能であり、機械的なスイッチでは不可能な高速スイッチング動作が可能ということがパワー半導体分野では重要になります。

　このように半導体デバイスは電気的な作用で、自ら働きを行なう**能動素子**になります。パワー半導体に課せられた働きは電力の**整流**や**スイッチング**です。第2章で詳しく触れます。

金属、絶縁体、半導体の特徴（図表1-1-2）

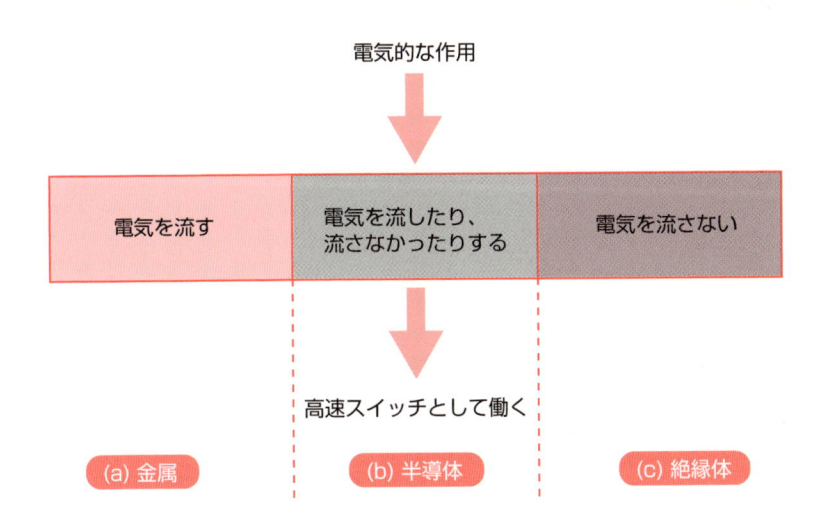

電気的な作用
↓

(a) 金属	(b) 半導体	(c) 絶縁体
電気を流す	電気を流したり、流さなかったりする	電気を流さない

↓
高速スイッチとして働く

1-2
半導体デバイスから見た パワー半導体

　半導体デバイスの市場は市況の影響を受けますが、世界規模で約25兆円規模（換算なので為替動向で変動します）です。ここでは半導体デバイスの中でのパワー半導体の位置付けを見てみます。

▶▶ 半導体デバイスと世の中の流れ

　半導体デバイスというと筆者が若い頃は、まだICが出始めた頃でトランジスタが主というイメージが強かった時代です。Canタイプの二本足やプラスチックモールドの3本足のトランジスタが身近な半導体と思っていました。先日若い女性と話す機会があったのですが、"お仕事は何されているのですか？"と聞かれたので、"半導体関係で食べています"と答えますと、"じゃ、パソコンなどに詳しいのですか？"と更に追求されました。筆者の答え方が漠然としたものだったためですが、この話から切り出したのは、やはり半導体というと、現在では○○insideといったCMが多くの方に浸透していて、半導体＝パソコンの部品というような理解が多いためでしょう。なお、気になさる方もいないと思いますが、もちろん、彼女とのその後の会話は続きませんでした。

　何が筆者のメッセージかといいますと、要は半導体の応用範囲が広いため、その時代の先端商品や流行が強く反映されているのではないかということです。筆者の世代ですと半導体＝トランジスタラジオという時代でした。半導体＝テレビゲームという世代もいるでしょう。

▶▶ パワー半導体は縁の下の力持ち？

　ただし、パワー半導体がわれわれの身近にある製品で、何らかの世代を代表するというのはなかなか思いつきません。ひとつにはパワー半導体が目に付きにくいところで働いてきたからでした。例えば、後で出てきますが、電車や電気機関車などの電力変換などに使用されるようにちょっと目に付きにくいところで活躍しているからです。"縁の下の力持ち"といったところでしょうか？　最近はIH調理器のよう

1-2 半導体デバイスから見たパワー半導体

に家庭でも目立つところに出てきています。

　半導体といっても素子レベルで分類すると図表1-2-1のようになると思います。このうち、半導体デバイスは**能動素子**（active element）に属します。能動素子は、供給された電力や信号などを変換する働きをします。このうち、色で網掛けしたものがいわゆる**パワー半導体**です。半導体市場の中でパワー半導体の割合は一割程度だと思われます。

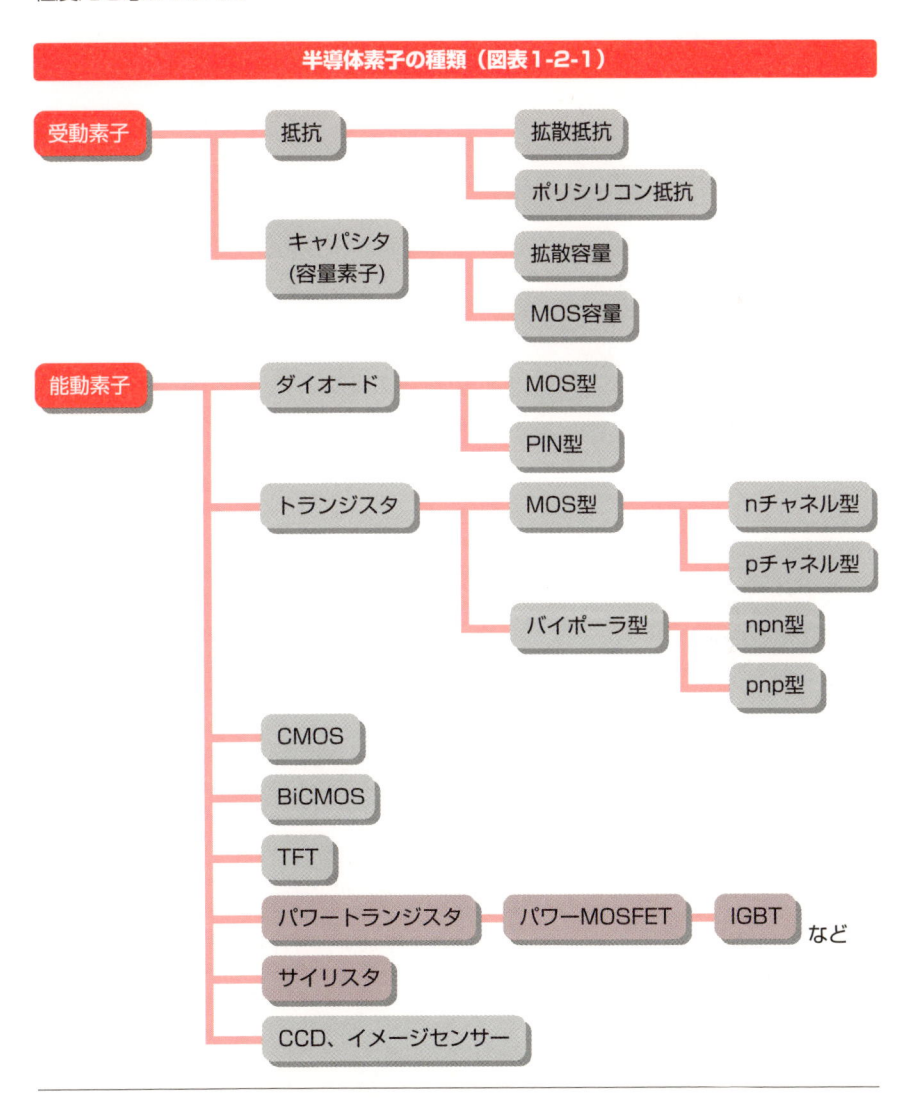

半導体素子の種類（図表1-2-1）

- 受動素子
  - 抵抗
    - 拡散抵抗
    - ポリシリコン抵抗
  - キャパシタ（容量素子）
    - 拡散容量
    - MOS容量
- 能動素子
  - ダイオード
    - MOS型
    - PIN型
  - トランジスタ
    - MOS型
      - nチャネル型
      - pチャネル型
    - バイポーラ型
      - npn型
      - pnp型
  - CMOS
  - BiCMOS
  - TFT
  - パワートランジスタ ― パワーMOSFET ― IGBT　など
  - サイリスタ
  - CCD、イメージセンサー

半導体の中のパワー半導体

半導体デバイスを集積化か単機能かの分類で見たものが図表1-2-2です。この分類で見ると、パワー半導体は**ディスクリート半導体（単機能半導体）**デバイスに相当します。これはLSIのように色々な半導体デバイスを組み合わせて複雑な機能や記憶をするものではなく、単一の目的のために使用されるという意味合いです。

集積化か単機能かで見た半導体デバイス（図表1-2-2）

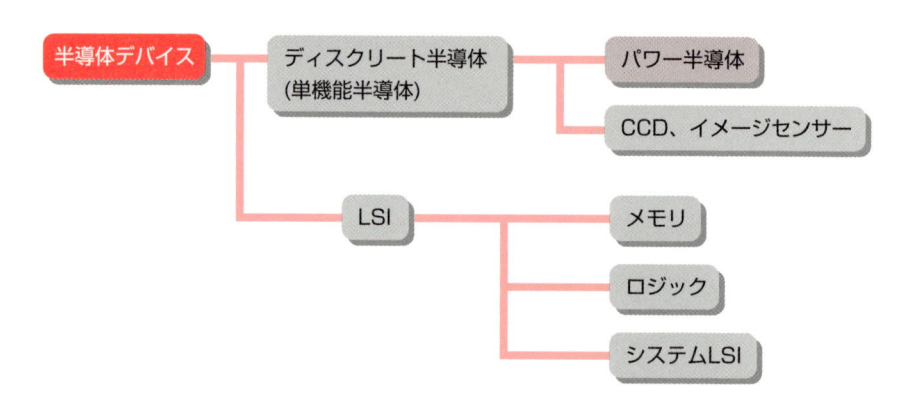

```
半導体デバイス ─┬─ ディスクリート半導体 ─┬─ パワー半導体
                │   (単機能半導体)        └─ CCD、イメージセンサー
                │
                └─ LSI ─┬─ メモリ
                         ├─ ロジック
                         └─ システムLSI
```

半導体デバイスは色々ありますが、その中でパワー半導体はどんな位置付けになるのでしょうか？　例えば、先端MOSLSIは情報を扱うものですが、パワー半導体は電力を扱うものです。電力というとどんなことを連想されますか？　我々の生活は電気無しでは成り立ちません。例えば、地震や積雪などで長い間停電にあった経験がある方は電気の有難さが良くわかると思います。いまや、空気や水と同じようなライフラインを支えるものです。図表1-2-3に示すようにパワー半導体はここでは"電気的な作用で電力を変換するデバイス"だと理解して下さい。どういう変換があるのかは次節以降で触れてゆきます。

言い換えると、パワー半導体は**電力の変換**を目的とする半導体デバイスということです。この電力の変換と前節で述べた高速スイッチング作用がどう関係するのかは、追々述べてゆきます。

パワー半導体の役割（図表1-2-3）

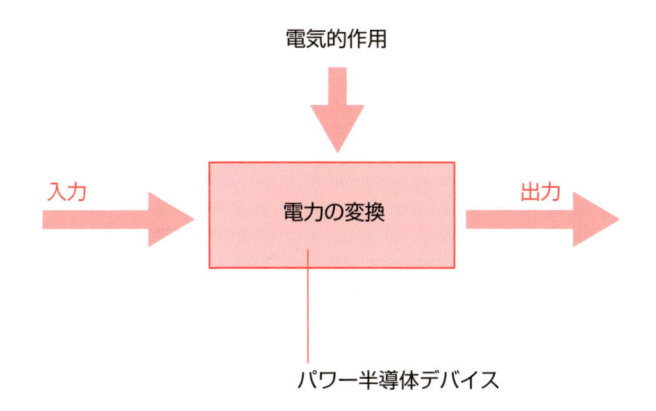

電気的作用 → 電力の変換
入力 → 電力の変換 → 出力
パワー半導体デバイス

　電力の変換と大上段にふりかぶっていうとピンとこないかもしれませんが、電力は電流と電圧で決まってくるものであり、電流にも交流と直流があります。つまり、電力の変換という言葉には大電流から小電流、高電圧から低電圧、交流から直流と色々なものが含まれていると考えて下さい。それらは次節以降、追々触れてゆきます。

　また、その電力の変換を図に示すように電気的な作用で行なうことが重要なことです。それがパワー半導体を使うことのメリットです。それも追々触れてゆきます。

1-3 パワー半導体を人体にたとえると？

　前節で述べたことを更にわかりやすくするために、ここでは、パワー半導体が他の半導体デバイスと比較して、どのような役割をするのかを見てみます。

▶▶ パワー半導体の役割は？

　まず半導体デバイスについて述べます。半導体デバイスは様々なところに使用されています。しかし、半導体デバイスは前節でも述べたように電気で動くデバイスですから、情報などを電気信号に変えて半導体デバイスに入力され、内部で変換されて出力されるという形をとります。このように半導体デバイスは情報やエネルギーの発生装置ではなく、単なる変換装置です。

　ところで、パワー半導体はその名からすると力を出す半導体のようなイメージを抱く方もいるかも知れませんが、そのようなイメージは誤りです。ここでは、パワー＝力というより"パワー＝電力"と捉えてはいかがでしょうか？　日本語ではパワー＝力という認識パターンがどうしても優先しますが、パワー半導体のパワーはパワー＝電力と捉えて下さい。一度英和辞典でpowerを見てみることをお勧めします。くどいようですが、電力を制御・変換する半導体デバイスがパワー半導体です。

　よく本や講演で各種半導体デバイスを人体にたとえる例があります。例えば、MPU*やメモリは情報の演算処理や記憶をつかさどるので脳に、センサーなどは目や耳などの五感に、太陽電池はエネルギーを生み出す（正確にいうと上記のとおり太陽エネルギーを電気エネルギーに変換しているだけです）ので、胃腸などの消化器官にたとえるのは直感的に理解しやすいと思います。パワー半導体はどうでしょう？手足の筋肉というイメージが湧くかもしれませんが、パワー半導体が動くわけではなく、実際に動くのはモーターやアクチュエーター、小さいものではMEMS*などです。したがって、これらが筋肉であり、パワー半導体はこれらのデバイスへ供給する電力を供給・制御するわけですから、血管や神経のようなものかも知れません。図表1-3-1に筆者なりのイメージを描いてみました。

---

*MPU　　マイクロプロセッシングユニット（Micro Processing Unit）と呼ばれ、コンピュータで演算やデータ処理を行う心臓部であるCPU（Central Processing Unit：中央演算処理装置と訳されます）を単独の1チップに形成したものです。

*MEMS　Micro Electro Mechanical Systemの略です。電子デバイスとメカニカルな駆動をするデバイスの融合体で、加速度センサーなどが代表例です。

1-3 パワー半導体を人体にたとえると？

人体とパワー半導体の関連付け（図表1-3-1）

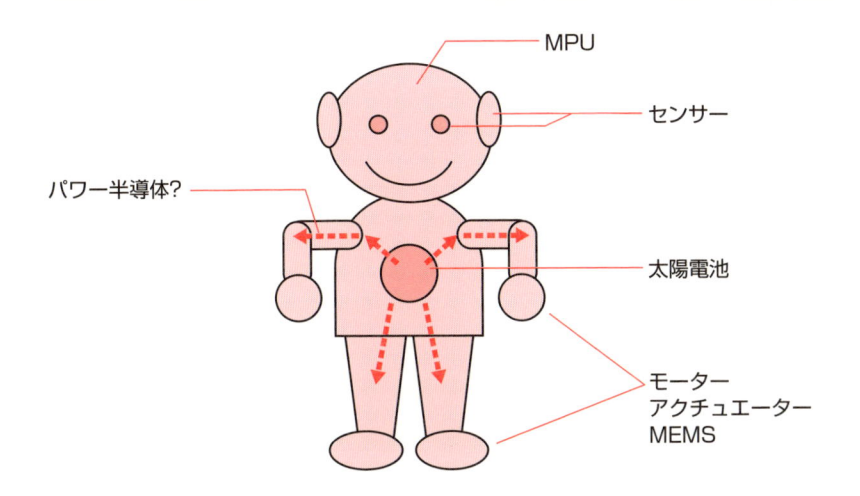

- MPU
- センサー
- パワー半導体？
- 太陽電池
- モーター
  アクチュエーター
  MEMS

第1章　パワー半導体の全貌を俯瞰する

▶▶ 電力の変換とは？

　パワー半導体は、ものにより大きな電力を扱うものなので、何か"ごつい"部品を想像するかもしれませんが、決してそうではありません。一般の半導体デバイスと同じものが主流です。4-4や6-6を参考にして下さい。

　パワー半導体の働きを一言でいうとすれば、前記のように、それは"電力の変換"です。電力の変換とは具体的にどんなことをするのでしょうか？　図表1-3-2にそれをまとめてみました。電気には**交流**（AC：alternating current）と**直流**（DC：direct current）があることはおわかりだと思いますが、それらをお互いに変換することが電力の変換です。

パワー半導体の4つの役割（図表1-3-2）

①交流（AC）から直流（DC）への変換：コンバータ（整流作用）
②直流（DC）から交流（AC）への変換：インバータ
③交流（AC）から交流（AC）への変換：
④直流（DC）から直流（DC）への変換：

1-3 パワー半導体を人体にたとえると？

　ひとつは**順変換**といわれるもので**コンバータ**と呼びます。英語ではconverterです。野球でプレーヤーを"外野から内野にコンバートする"などと言いますが、それと同義です。順変換は交流を直流に変換することです。いわゆる**整流作用**が主です。整流作用については、2-1で詳しく述べます。

　逆に直流を交流に変換することを**逆変換**といいます。この働きをするものを**インバータ**と呼びます。英語ではinverterです。今後、この用語が頻繁に出てきますので覚えておいて下さい。この他に交流どうしで、周波数や電圧の変換をするもの、直流どうしで電圧の変換をするものがあります。直流の場合はいうまでもないことですが、周波数の変換はありません。この分類は電流の種類によって変換を分類したものです。

　一方、変換するものを電流、周波数、電圧として分類すると図表1-3-3に示したようになります。どちらも頭に入れておくと便利だと思います。③は交流の場合しかありません。

　パワー半導体は前節で"縁の下の力もち"のような役割をするといいましたが、例えば、1-2で挙げた電車・電気機関車の電力交換は、これらの図表に挙げたものです。具体的には3-3で述べます。半導体デバイスってすごいですね。どんな風にして変換するかは第2章以下で触れてゆきます。

パワー半導体の3つの役割（図表1-3-3）

①交流➡直流への変換、直流➡交流の変換
②電圧の変換（特に直流）：昇圧と降圧
③周波数変換（交流の場合）

1-4
パワー半導体の歴史を振り返る

　さて、パワー半導体がどんなものかが何となく理解できたところで、今度はパワー半導体の歴史について触れてみます。

▶▶ パワー半導体の起源とは？

　ショックレーらによるトランジスタの発明は1947年です。ただし、詳しく触れる余裕はないですが、当時はゲルマニウム単結晶を使用した点接触型のトランジスタです。5-1でも触れますが、その後、シリコンが半導体デバイス材料として使用され、半導体産業の発展を促してきました。エレクトロニクスデバイスの代表でもある半導体を電力制御に用いるという意味で"**パワーエレクトロニクス**"という言葉が使われ始めたのは1973年頃からといわれています。エレクトロニクスというのは電子を扱うデバイスです。筆者が学生の頃は弱電などと呼んでいました。対して、電力を扱う分野は強電と呼んでいました。

　いつから"パワー半導体"と呼ばれるようになったのかは不明です。ただ、これ以前は"半導体"とか"トランジスタ"という用語で半導体デバイス全体をひっくるめて指していたようです。筆者がこの世界に入って読んだ本なども、そのような表記で書かれています。ただし、パワーMOSFETという言葉は1960年代から使われていた記憶があります。筆者の推測ですが、1971年にインテルが1k bit DRAMを市場に出して、LSIという言葉が使用されはじめ、半導体デバイスもそれぞれ実態にあった用語で呼ばれるようになったと推測しています。

　因みにLSIとは大規模集積回路を意味するLarge-Scaled Integrationの略で、この前にはICという言葉が使用されていました。ICとはIntegrated Circuitの略で集積回路と訳されました。いまは集積回路という言葉自体があまり使用されなくなった印象ですが、80年代前半頃までは頻繁に使用されていたと思います。集積回路とはトランジスタやダイオードなどの能動素子や抵抗、容量素子などの受動素子をシリコンウェーハ上に集積したものです。

　パワー半導体はその後IGBTなどが開発され、その改良が進んでいる現状です。歴史的な動向を図表1-4-1にまとめてみました。ここに出てくる用語については、今

は触れずに追って説明します。時々、この図を振り返ってもらえればと思います。

半導体デバイスの歴史（図表1-4-1）

年代	パワー半導体デバイス	基板材料・トピックス
2000年代	改良 フィールドストップ型 トレンチゲート型	SiCやGaNへの模索
1990年代	ノンパンチスルー型	
1980年代	IGBT（プレーナゲート型）	
1970年代	1969　V溝MOS FET	1971　intelが1kbit DRAM
1960年代	1964　パワーMOS FETの原型	1961　ICの原型 GeからSiへ
1950年代	1956　サイリスタの原型 バイポーラトランジスタ	1947　トランジスタの発明

▶▶ パワー半導体の黎明期の役割

　前節でも触れましたように、パワー半導体の活躍の場は電力の変換です。エネルギー社会といわれる21世紀には特に重要になってきました。ところで電気には直流（DC：direct current）と交流＊（AC：alternating current）があることは前節で触れました。一般に送電には交流が用いられます。その方が送電の効率が良いからです。直流ですと抵抗成分での損失（loss）が大きくなってしまうからです。このため、交流から直流に変換するには整流器が必要です。

＊**交流**　　いまの交流発電機はニコル・テスラによって19世紀に発明されました。

▶▶ 水銀整流器からシリコン整流器へ

　パワー半導体登場以前にこの整流作用を担っていたのが水銀整流器です。ただ、水銀整流器は真空中の水銀の放電現象により電力を変換させるもので、多くの制約と動作の信頼性に課題がありました。それを解決したのが**サイリスタ**です。1956年にGE社＊で発明され、当時は**SCR**（Silicon Controlled Rectifier）の名前で発売されていましたが、1963年にサイリスタという名前になりました。サイリスタの動作や原理等は2-3で触れます。その後、シリコン単結晶の高純度化が進み、高電圧、大電流化、特性改善に伴いパワー半導体は半導体産業の中で独自の地位を占めるようになりました。用途の広範化に伴い、高電圧化にはシリコン単結晶の高品質化が、大電流化には口径の大きいシリコンウェーハが必要になりました。それらについては第5章で触れます。

　水銀整流器は1960年代後半には市場から撤退しましたが、それまでは電車などにも使用されていました。

▶▶ シリコンから次の材料へ

　パワー半導体の基板材料は、現状は上記のようにシリコンが主流です。しかしながら、最近は"脱シリコン"といいますが、"beyond Silicon"とでもいいましょうか。第5章や第7章で触れるSiCやGaNの時代が到来しつつあります。なお、この"脱シリコン"とか"beyond Silicon"という呼び方は定着しているものではありませんが、先端MOS LSIでも"脱ムーアの法則"とか色々"パラダイムシフト"が起こっているのが現状です。パワー半導体も今後の行方を正確に見抜くことが重要と思います。そのあたりは第5章から第7章で見てゆきたいと思います。

＊**GE社**　ゼネラル・エレクトリックという1876年創業の米国の総合電機メーカ。

1-5 シリコンのバイポーラ型半導体の発展

ここではなぜシリコンが基板材料として用いられたのか、とバイポーラ型のパワー半導体がどのようなものかを見てみます。

▶▶ バイポーラトランジスタとは？

先にサイリスタという用語を登場させてしまいましたが、図表1-4-1で記しましたように、最初に登場したのが**バイポーラトランジスタ**です。前述のサイリスタは2-3で詳しく触れますが、ふたつのバイポーラトランジスタの組合せでできています。バイポーラ（bipolar）というのは"ふたつの極性"の意味です。少し難しい話になりますが、電気を運ぶ**キャリア**（carrier：キャリアバッグなどと同じ語）の極性は正と負があります。バイポーラトランジスタでは負電荷の**電子**と正電荷の**正孔**＊の両方のキャリアを使用するので、こう呼ばれます。

▶▶ 何ゆえシリコンが必要になった？

トランジスタは当初基板材料はゲルマニウム（Ge）でスタートしました。しかし、ゲルマニウムではパワー半導体の生命線である**耐圧**（どれだけの電圧に耐えうるか）が取れません。そこでシリコンを基板材料にするために、単結晶シリコンの開発が急がれたのでした。シリコン単結晶については第5章で詳しく説明します。このシリコン単結晶の作製法が確立されて、初めてパワー半導体の時代がきたといってもいいかも知れません。それと**接合型のトランジスタ**が、シリコンだと作りやすくなりました。これもシリコンがゲルマニウムより耐熱性が良いためです。**接合**とは前記の負のキャリアの多い部分と正のキャリアの多い部分を、単結晶性を損なうことなく連続的に結合させたものです。接合については、これから述べます。

▶▶ ふたつのキャリアを使用する理由

更に難しい話で恐縮ですが、半導体で接合というと、上記の電子と正孔というふたつの極性を持ったキャリアを使ってトランジスタを作るには**pn接合**という接合が

＊**正孔**　英語ではpositive holeといいます。電子の抜けた孔と理解して下さい。もともとあった電子（負電荷）がなくなったので正電荷を有します。

必要です。pn接合というのは図表1-5-1に示すように電子が**多数キャリア**（majority carrier）となる半導体の**n型領域**と、正孔が多数キャリアになる**p型領域**を半導体単結晶の結晶性を損ねることなくつなぎ合わせた構造になっているものです。よく誤解を招くことがあるので補足しておきますと、n型領域では電子だけ、p型領域では正孔だけが存在するわけではありません。n型領域では正孔が、p型領域では電子が**少数キャリア**（minority carrier）として存在します。

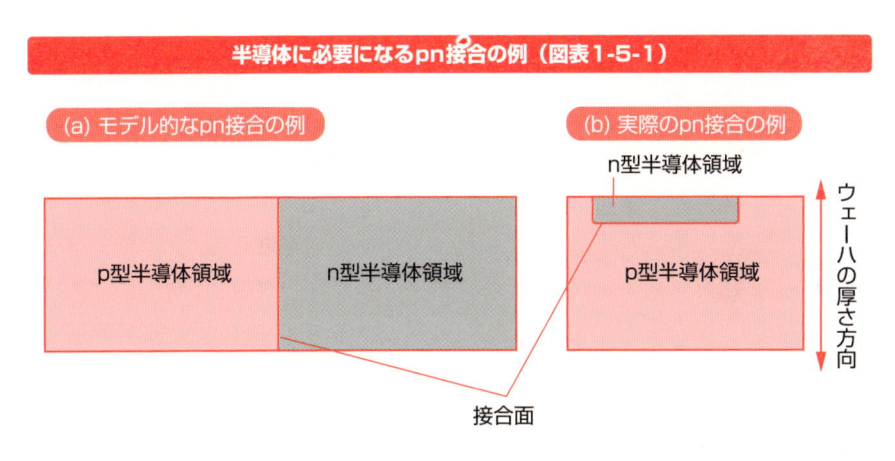

半導体に必要になるpn接合の例（図表1-5-1）

(a) モデル的なpn接合の例

p型半導体領域 ／ n型半導体領域

(b) 実際のpn接合の例

n型半導体領域
p型半導体領域

ウェーハの厚さ方向

接合面

　また、誤解を招かないように説明しておきますが、図のようにn型領域とp型領域の半導体を両側から付けるわけではありません。実際には図の右側に示したように一方の領域に他の型の半導体領域が形成されているという形をとります。両方が接する面を**接合面**と呼びます。この方法は製造プロセスの話になるので、詳しくは触れませんが、熱拡散やイオン・インプランテーション法という方法で形成されます。この時にゲルマニウムより耐熱性の高いシリコンが有利なわけです。参考までに、シリコンとゲルマニウムの比較を図表1-5-2に示しておきます。

　このpn接合の面を前述のように接合面と呼びます。接合面は図の(b)では奥行きがありますので、イメージを膨らませてもらいたいのですが、三次元的な形状を持ちます。

　この接合がキャリアの流れ、即ち、電流の流れを制御するわけです。接合に電圧を印加する際、**順方向**ですと電気が流れやすくなり、**逆方向**ですと電気が流れにくくなると理解して下さい。それをポンチ絵で図表1-5-3に描いておきます。電流で

1-5 シリコンのバイポーラ型半導体の発展

すので、正極から負極に流れることはいうまでもありません。これもよく間違いやすいのですが、キャリアである電子の移動の向きとは別になりますので、要注意です。キャリアが正孔の場合は移動の方向と電流の流れる方向は同じです。

第2章で詳しく説明してゆきますが、半導体デバイスはpn接合を用いて電流で制御するデバイスです。

シリコンとゲルマニウムの比較（図表1-5-2）

	Si	Ge
バンドギャップ(eV)	1.10	0.70
電子移動度(cm^2/V・sec)	1350	3800
正孔移動度(cm^2/V・sec)	400	1800
融点(℃)	1414	938

出典：種々のデータを元に作成

順方向と逆方向の比較（図表1-5-3）

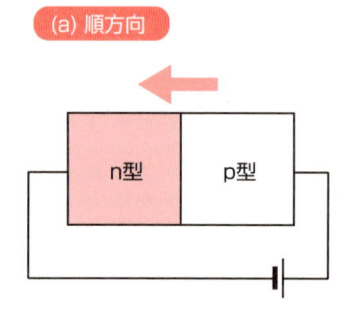

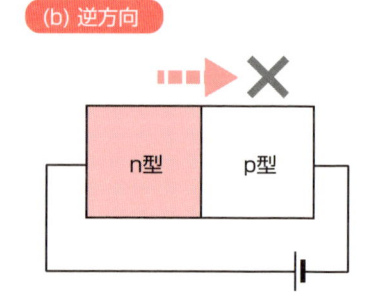

(a) 順方向

(b) 逆方向

1-6 パワーMOSFETの登場

MOSFETとはパワー半導体特有の呼び名ですが、FETとはField Effect Transistorの略で電界効果トランジスタと訳されています。

▶▶ より高速スイッチングが必要に

このようにバイポーラトランジスタを使用するパワー半導体は全盛期を迎えましたが、課題もありました。なぜなら、より高速スイッチング機能が必要になったからです。それにはバイポーラトランジスタでは限界がありました。なぜかというと、前節で少し触れたようにバイポーラトランジスタはふたつのキャリアを使用し、電流制御で駆動させるためにスイッチング速度が一般的に遅くなるからです。詳しくは第2章で触れます。

このために登場したのが、当初**電界効果型トランジスタ**（FET：Field Effect Transistor）といわれた**パワーMOSFET**です。

▶▶ MOSFETとは？

もともと電界効果型のトランジスタの歴史も古く、1930年にはライプチヒ大学（ドイツ）のJulius Lilienfeldによって発見されて、特許も申請されています。その後、トランジスタの発明で知られるショックレーが1949年にゲルマニウムを使用したFETを試作しました。実際の今のパワーMOSFETの概念が確立されたのは1964年にZuleegとTesgnerが独自に発表したものです。このようにFETという言葉は昔からありました。

しかし、パワー半導体の分野にだけ（といってもいいかと思います）、パワーMOSFETという呼び名が残ったのはなぜか筆者にはわかりません。MOS型ではなく、接合型のJFET（Jは接合を意味する英語のjunction）という方式も当時あり、電界効果型のトランジスタでも接合型とMOS型があるので、その名前が残ったのかもしれません。なお、JFETは今はほとんど使用されていないので、この本では触れません。

バイポーラトランジスタとMOSFETの比較

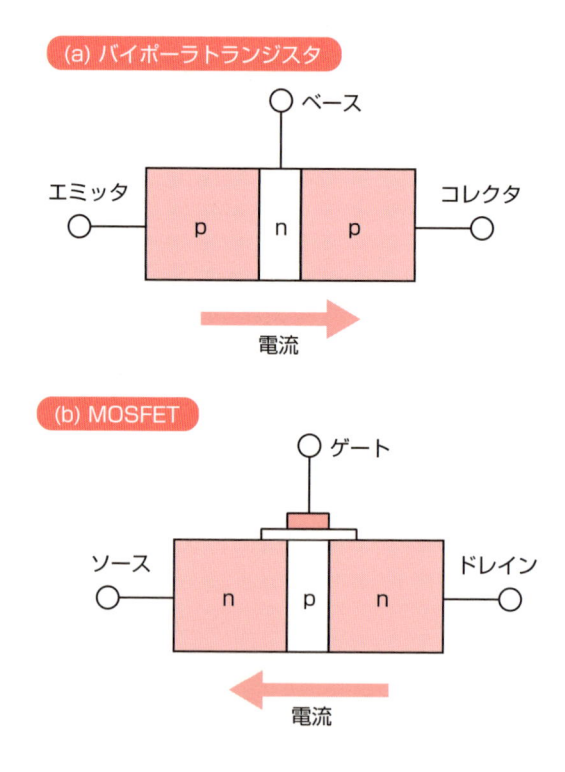

　MOSFETとはバイポーラトランジスタと比較して、簡単に説明すると以下のようになります。図表1-6-1を見て下さい。この図はかなり大胆に描いたもので、正確性には欠けるかもしれませんが、両者の比較を簡単に行なったものです。バイポーラトランジスタの場合はそれぞれ、エミッタ、ベース、コレクタと三つの端子がありますが、ベースに電流を流して、ふたつのpn接合でのキャリアの流れを制御して、電流を流すデバイスです。コレクタ電流のオン・オフはベースに流す電流で行ないます。バイポーラトランジスタが、電流制御で駆動するデバイスであると記したのはそのためです。

バイポーラトランジスタとMOSFETの比較（図表1-6-1）

(a) バイポーラトランジスタ

エミッタ ─ p | n | p ─ コレクタ
　　　　　　　　ベース
　　　　　　　→ 電流

(b) MOSFET

ソース ─ n | p | n ─ ドレイン
　　　　　　ゲート
　　　　　← 電流

一方、MOSFETの場合はそれぞれ、ソース、ゲート、ドレインと三つの端子がありますが、ゲートに電圧を印加して、ふたつのn型領域の間のp型領域を"**反転**"（p型を一時的にn型にすることです）させることでキャリアの流れる道（これを**チャネル**といいます）を作り、電流を流すデバイスです。電流のオン・オフはゲートに印加する電圧で行ないます。ですから、バイポーラトランジスタは電流制御型のデバイス、MOSFETは電圧制御型のデバイスということになります。そのわけは、バイポーラトランジスタはベース電極からベース電流を流してオン・オフさせますが、パワーMOSFETはゲート電圧（これを難しい用語で"しきい値電圧"といいます）を印加してオン・オフし、ゲートには電流を流すわけではありません。その分、駆動電力は比較的少なくて済むというメリットもあります。

　なお、図表1-6-1でバイポーラトランジスタとパワーMOSFETではn型領域とp型領域の配置が異なっていますが、これは前者がpnp型のバイポーラトランジスタであり、後者はnチャネルのパワーMOSFETであるからです。それについては次章以下でまた触れてゆきます。また、もう少し理系向きの動作や原理などの説明は2-4で詳しく述べます。

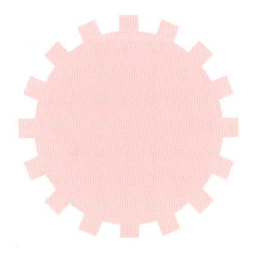

1-7 バイポーラとMOSの融合体 IGBTの登場

ここでは、パワー半導体で最近よく耳にするIGBTの登場を簡単に振り返り、その特徴について簡単に触れます。

▶▶ IGBTの登場まで

バイポーラのトランジスタ、サイリスタ、更にパワーMOSFETとパワー半導体のラインナップが揃ってきました。しかし、MOSFETにも課題はありまして、高速スイッチングが可能でもMOSFETの構造上、耐圧が低いという点です。しかし、パワー半導体の応用範囲はとどまることを知らず、更に比較的大電圧領域で高速スイッチングが可能なものが求められてきました。これはある意味、二律背反する命題です。バイポーラトランジスタやパワーMOSFETの改良では果たせない課題でした。そこで登場してきたのが**IGBT**です。

▶▶ IGBTの特徴

IGBTとはInsulated Gate Bipolar Transistorの略で、絶縁ゲート型バイポーラトランジスタと呼ばれています。絶縁ゲートがあるバイポーラトランジスタ？ いままでのバイポーラトランジスタやMOSFETの説明からすると違和感を覚えるのではないでしょうか？ IGBTは一言でいうと"pnpバイポーラトランジスタにnチャネルのエンハンスメント型MOSトランジスタを付けたもの"です。nチャネルのエンハンスメント型といわれても何のことかわからない方もいるかもしれませんが、それは2-4で説明します。図表1-7-1にIGBTの構造の模式図を示します。この図は、MOSFETとバイポーラトランジスタのいいとこ取りということを理解してもらうためにかなり大胆に描いた図ですので、正確さには欠けますがそのように見て下さい。詳しい構造は2-5で説明します。図の上のMOSFET構造でオン・オフを行い、電流は縦に流して、電流を大きく取る構造になっています。ここでいう縦に流すとは、シリコンウェーハの厚み方向に電流を流すという意味です。

繰り返しますが、バイポーラトランジスタとMOSFETのいいとこ取りを狙ったも

1-7　バイポーラとMOSの融合体IGBTの登場

のという理解でいいでしょう。高速スイッチング性能はMOSFET部で稼ぎ、電流、耐圧はバイポーラ部で稼ぐという理解で良いと思います。LSIでもバイポーラとMOSのいいとこ取りをしたBiCMOSというデバイスがあるのですが、パワー半導体部門でのBiCMOS版という理解はいかがでしょうか？

　図表1-4-1に示したように、IGBTは1980年代に登場しましたが、高速で駆動力の大きいことが特徴で最近需要が伸びています。交流をダイオードや平滑コンデンサーで直流に変えた後に、更に交流にする際に、高速でスイッチングするインバータにその高速性を生かして使用されます。第3章でも触れますが、トヨタのHV車（ハイブリッド・カー）や新幹線のN700系はIGBTを使用しています。

　この本では2-5でIGBTの原理や動作などに触れ、更に第6章でIGBTの発展型について述べます。

IGBTの模式図（図表1-7-1）

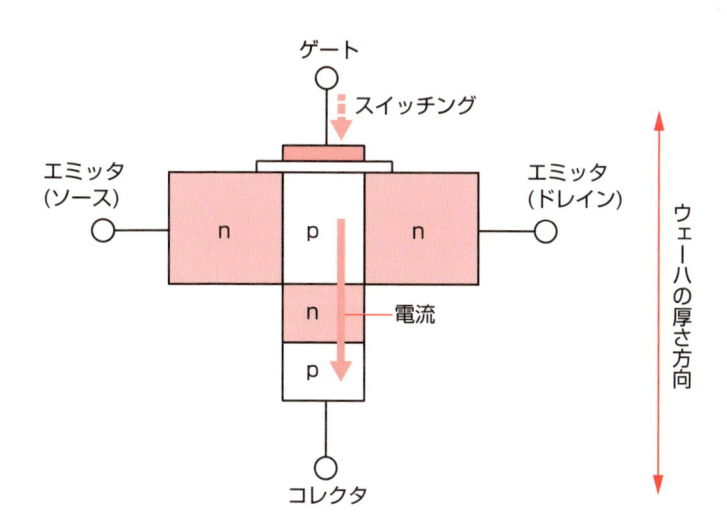

```
          ゲート
            ○
            ↓ スイッチング
       ┌────┐
  エミッタ  │    │  エミッタ
  （ソース） │    │  （ドレイン）
   ○──┤ n │ p │ n ├──○
       │    │    │
       └────┤    ├────┘
            │ n │ ← 電流
            │ p │
            └─┬─┘
              ○
           コレクタ
```

（右側：ウェーハの厚さ方向）

第2章

パワー半導体の原理と動作

この章では各パワー半導体について、その原理や動作を説明するとともに、その背景についてもふれてゆきます。

2-1
一方通行のダイオード

半導体やトランジスタを知っている方とそうでない方もいると思います。一応どちらにも役に立つような内容にするつもりです。まずはダイオードですが、ダイオードというと現在では発光ダイオードが有名になったため、発光素子と勘違いしないで下さい。パワー半導体では整流作用を行なうための素子のことをいいます。

▶▶ ダイオードと整流作用

もともと**ダイオード**（diode）とはふたつ（接頭語のdi）の電極（ode）を持った素子という意味で使用されたもので、二端子（電極）デバイスです。この素子の最大の働きは**整流作用**です。これは1-4で挙げたパワー半導体の電力変換の中の働きのひとつでコンバータと呼ばれています。繰り返しになりますが、整流作用とは非常に簡潔にいえば、一方向に電流を流す働きのことです。電流には直流（DC：direct current）と交流（AC：alternating current）があることは知っていると思います。1-3で触れたようにパワー半導体関係では交流から直流、直流から交流への変換が大事になります。身近な家電製品でも一般家庭用の交流100Vを直流に変換して使用するものも多いですね。その時、図表2-1-1に示すように交流をまず整流作用で一方向のリップル電流（脈流ともいいます）に変換する必要があります。この作用を行なうのがダイオードです。

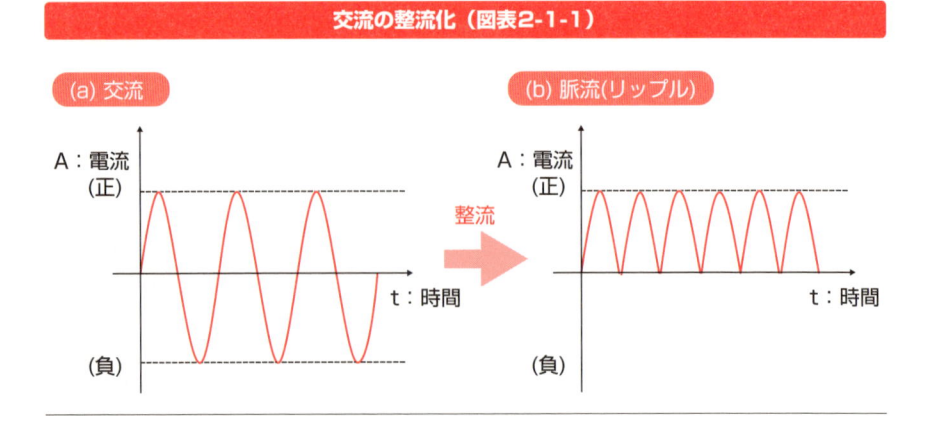

交流の整流化（図表2-1-1）

(a) 交流

(b) 脈流(リップル)

▶▶ 実際のダイオードの整流作用

　実際にはこの後、平滑コンデンサーでリップル電流を均して直流にするわけですが、それはパワー半導体の働きとはまた異なりますので省略します。

　実際のダイオードの整流作用を図表2-1-2で説明します。これは単相交流を整流する例で、ダイオードを4個使って行なうものです。ダイオードの回路記号は図に示したとおりです。4個のダイオードの配列は図表2-1-2（a）のようになっており、それは図表2-1-2（b）に示すように4個の機械的スイッチに置き換えることができます。正の電流の時は図表2-1-3（a）のような電流のパスとなり、逆に負の電流の場合は図表2-1-3（b）のようになります。

ダイオードでの二相交流の整流化（図表2-1-2）

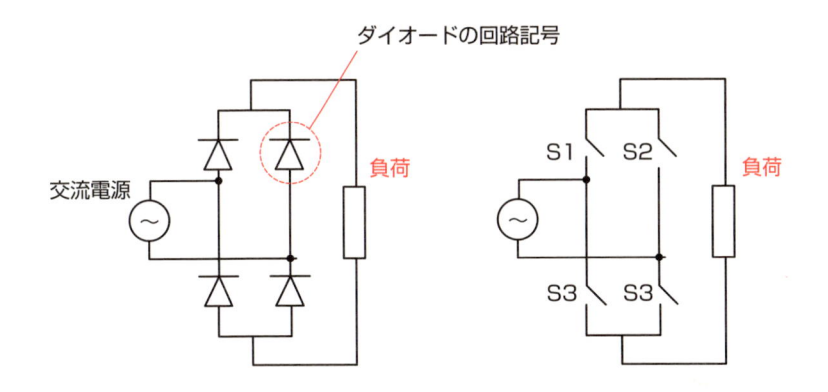

　ダイオードはその記号である△の方向にしか電流を流しません。従って、交流の正の電流の時は（a）のように流れます。逆に交流の負の電流の時は（b）のように流れます。4個のダイオードのうち、正と負の電流でそれぞれ、たすき掛けのように別の組合せのダイオードを流れることになります。一方、負荷に流れる電流の向きは一定であることに注目して下さい。これは図表2-1-2の右側に示した機械的スイッチでは、正の電流の場合はS1とS3がオンしてS2とS4がオフしていることになります。負の電流の場合はその逆です。確かめてみて下さい。これがいわゆる整流作用による交流から直流への変換（コンバータ）です。これを機械的スイッチでやろう

2-1　一方通行のダイオード

としたら、その駆動部を作るだけでも大変です。半導体デバイスであるダイオードを用いることで高速スイッチングができるわけです。

また、ダイオードを逆止弁にたとえることもあり、それで考えてみると理解が進むと思います。

ダイオードによる交流から直流への変換（図表2-1-3）

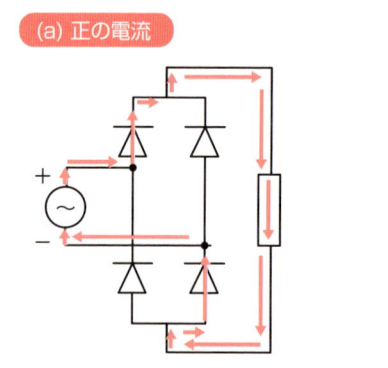

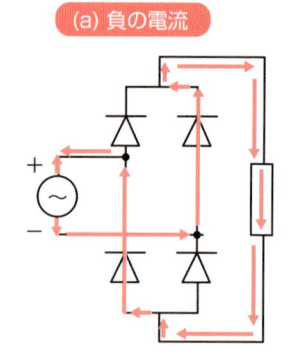

(a) 正の電流　　　　　　　　　　(a) 負の電流

▶▶ 整流作用の原理

　整流作用にはpn接合が必要になります。ここではそれを説明します。もう一度、図表1-5-3に電圧印加時のpn接合の様子を加えたものを図表2-1-4として掲載します。

　この本ではシリコンの固体物性を説明する時に用いるエネルギーバンド図をできるだけ用いないで説明することを心がけていますので、図に示すような形にしてみました。電圧の印加の方向でpn接合間に形成されているスロープの傾斜が順方向の場合は電圧0（点線）の傾斜に比較して、緩くなるのでキャリアの移動が起こりやすく、電流が流れますが、逆方向の場合はその逆にスロープの傾向が大きくなるのでキャリアの移動が起こりにくく、電流が流れなくなるわけです。

　順方向の場合は電流の向きはp型からn型です。キャリアである電子の移動は逆にn型からp型への移動になります。キャリアは負電荷を有する電子なので、このようにキャリアの移動の方向と電流の向きが逆になります。ややこしいですが、そのように理解して下さい。

2-1 一方通行のダイオード

ダイオードの電流の流れ（図表2-1-4）

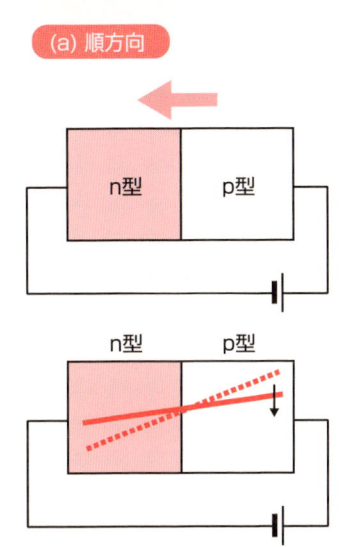

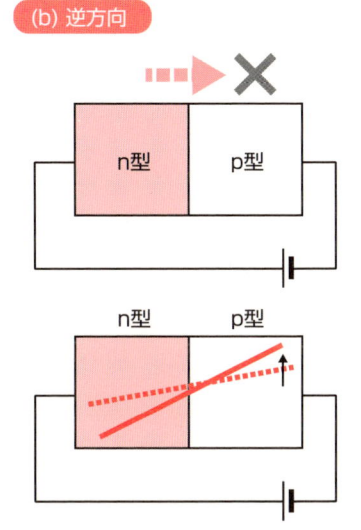

(a) 順方向

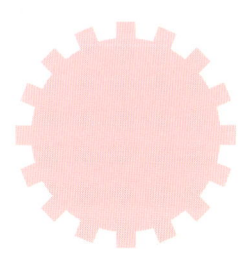

n型　p型

(b) 逆方向

n型　p型

n型　p型

n型　p型

第2章　パワー半導体の原理と動作

2-2
大電流のバイポーラトランジスタ

バイポーラトランジスタはダイオードより端子数（電極）がひとつ多い三端子デバイスです。主な役割は大電流のスイッチングです。

▶▶ バイポーラトランジスタとは？

　ここでバイポーラトランジスタの原理と基本特性に軽く触れておきたいと思います。1-6でも触れましたが、MOSトランジスタは電圧駆動のデバイスなのに対して、バイポーラトランジスタは電流駆動のデバイスであり、npn型またはpnp型があり、どちらにもふたつの接合面を有するところが特徴です。図表2-2-1にpnp型バイポーラトランジスタの模式的な図と回路記号を示します。

バイポーラトランジスタの模式図と回路記号図（図表2-2-1）

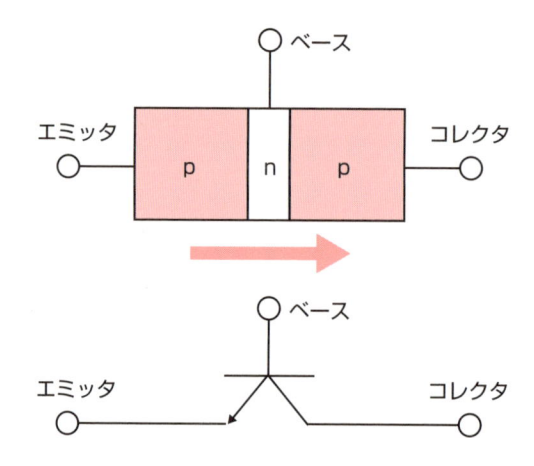

　何ゆえ、バイポーラトランジスタというかですが、第1章でも触れたように、その動作に電子と正孔というふたつの異なる極性のキャリアが関係しているからです。それに対して、MOSトランジスタのように多数キャリアのみが動作に関係しているトランジスタをユニポーラトランジスタという場合がありますが、あくまでバイポーラトランジスタに対しての用語であり、普段使用されることはないように思いま

す。バイポーラトランジスタは多数キャリア（majority career）と少数キャリア（minority career）の働きを理解する上でも良いサンプルです。

　また、バイポーラトランジスタを多重接合デバイスという場合もあります。前述のようにバイポーラトランジスタが、npn型またはpnp型であっても、どちらもふたつの接合面を有するところから来ています。これについては4-3でも触れます。

▶▶ 高速スイッチングが必要な理由

　2-1では交流を直流に変換することを学びましたが、同じパワー半導体の動作に要求されるものとして、今度は直流を交流に変換することがあります。これが、いわゆるインバータです。どんなところに使用されるかは第3章で述べるとして、このためには高速スイッチングが必要になります。その理由は直流を交流に変換するわけですから、直流を"細切れ"にして疑似的な交流にするという図表2-2-2に示すような電気的な変換が必要です。この"細切れ"化のために高速スイッチング動作が必要になるわけです。実際にはこのあとLC回路を入れて交流にしますが、それはパワー半導体の動作とは別ですので、ここでは省略します。

　高速スイッチングにはトランジスタが必要です。前節のダイオードはあくまで電気の向きが外部で変換される（交流）ことでスイッチの働きをしましたが、今度は直流を変換するわけですから、そうはいきません。この節以下、説明するパワー半導体はこのスイッチング動作を行なうものの例です。最終的にIGBTにつながっていきますので、じっくり読んで下さい。

直流から交流への変換の模式図（図表2-2-2）

(a) 直流

(b) 擬似的な交流

バイポーラトランジスタの原理

　バイポーラトランジスタの場合は、エミッタ、ベース、コレクタの三つの要素があります。それで三端子デバイスになるわけです。エミッタ（emitter）とは放出するものという意味です。コレクタ（collector）は集めるものという意味で、色々なものの収集家のことをコレクタと日本語化されています。ベース（base）は基礎になるものの意味でバイポーラトランジスタの場合はベース電流を制御して、トランジスタを動作させるというように覚えておくとよいと思います。

　今、図表2-2-3に示すようなpnp接合のバイポーラトランジスタを考えます。これはpn接合ダイオードがふたつ背中合わせに付いていると理解してもいいでしょう。それぞれ、左側から、エミッタ、ベース、コレクタになっています。なお、コレクタは構造上、低濃度の不純物領域になっています。

　ところで接合を作っただけではデバイスとして、作動しませんので端子を設け、電気を流す回路を作る必要があります。ここで、このふたつのpn接合ダイオードをどのようにバイアスするかが課題になります。そのためには色々な接地*の仕方があり、バイポーラトランジスタの場合にはエミッタ接地、ベース接地、コレクタ接地がありますが、ここではベース接地で説明します。また1-5で触れたように、これらのpn接合のバイアスをどうするかが課題になります。バイアスとはどちらの向きに電圧を印加するかとうことです。通常、エミッターベースを順方向バイアス、コレクターベースを逆方向バイアスにします。それを図表2-2-3に示します。

ベース接地のバイポーラトランジスタ（図表2-2-3）

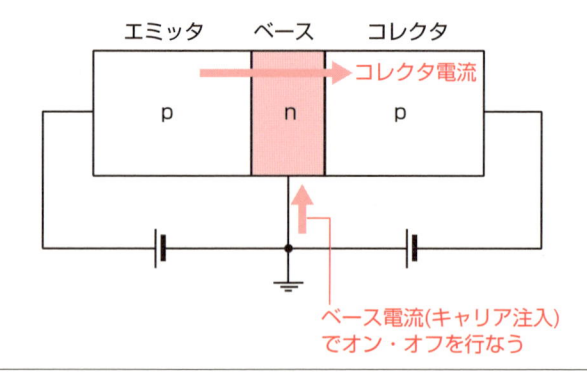

***接地**　グラウンド電位にすることです。

次にバイポーラトランジスタが、どのようにスイッチングするかが、この節の鍵となります。エミッターベース間に印加した順方向バイアスにより、エミッタから注入されたキャリアはベース領域に到達し、短いベース領域を通過すれば、キャリアがエミッタからコレクタに到達したことになります。すなわち、図に示すようにコレクタ電流（オン電流）が流れたことを意味します。しかし、実際にはベース領域で別のタイプのキャリア（電子と正孔のふたつのキャリアがありますが、この場合は正孔がキャリアとして注入されるので、ベース領域で電子と再結合することになります）と再結合して、コレクタに達しないようになります。すなわち、トランジスタはオンしません。しかし、その時に、ベースからベース電流としてキャリアを注入すれば、キャリアがコレクタまで達してトランジスタがオンすることになります。ベースからキャリアを注入しなければ、トランジスタがオフすることになります。このようにしてベース電流という電流制御でトランジスタのオン・オフの高速スイッチングを行なうことができます。少し面倒な話ですが、理解していただけたでしょうか？　以上はあくまでも説明しやすい例で書いたものです。なお、バイポーラトランジスタの接地の仕方は前述のように色々あり、動作も少し異なってきます。

▶▶ バイポーラトランジスタの動作点

　以下は更に難しい話ですが、バイポーラトランジスタのI-V特性のどの点をパワー半導体の動作点として使うかを説明しておくとともに実際のバイポーラトランジスタの動作の追加の説明も兼ねたいと思います。バイポーラトランジスタのI-V特性とはバイポーラトランジスタの電流をy軸、電圧をx軸に取ったグラフであり、図表2-2-4にそれを示しておきます。この図はベース－エミッタ電圧に対して、どれくらいのコレクタ電流（これがいわゆるオン電流になります）が流れるかを示したバイポーラトランジスタの動作を表した図です。

　図表2-2-4ではベース電流I_Bをパラメータにして、ベース－エミッタ電圧V_{CE}に対して、どれくらいのコレクタ電流（オン電流）が流れるかを示していますが、ベース電流I_Bを増加させてゆくと、コレクタ電流I_Cも増加してゆくことがわかります。これがベース電流でコレクタ電流を制御するということを意味しており、バイポーラトランジスタが電流制御デバイスであるという理由です。

2-2 大電流のバイポーラトランジスタ

　ベース電流を流さない時にはコレクタ電流は流れません。これを図中に示すように遮断領域といいます。一方、ベース電流を増やしていくに従い、コレクタ電流は流れ始めます。この領域を活性領域といいます。更にベース電流を増やしてゆくと電源電圧と負荷で決まるコレクタ電流が流れます。このように十分なベース電流を流してオン状態にした領域を飽和領域といいます。

　実際のパワー半導体用のバイポーラトランジスタは活性領域を使用せず、ベース電流を0か十分流すかして、そのオン・オフは図中の遮断領域のA点と飽和領域のB点との間を高速で移動させることで行なわれます。このようにすることで十分大きなコレクタ電流をオン・オフさせるわけです。少し難しい話ですが、上記の理屈はともかくも、電力の変換を行なうパワー半導体のバイポーラトランジスタでは、信号の増幅などを行なうバイポーラトランジスタと異なる動作点を用いるということだけは頭に入れておいてもらえばと思います。信号の増幅などは活性領域で行ないます。

　なお、この図はエミッタ接地での動作です。前記のバイポーラトランジスタの動作の原理を示す説明ではわかりやすさを優先して、ベース接地で説明しましたが、パワー半導体の場合はエミッタ接地で使用します。

バイポーラトランジスタの動作点（図表2-2-4）

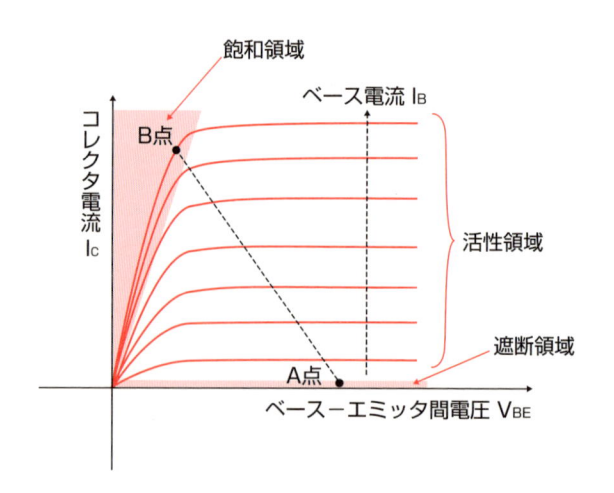

2-3

双安定なサイリスタ

　　サイリスタは、バイポーラトランジスタより接合面がひとつ多い三つの接合面を持つデバイスです。主な役割は大電流のスイッチングです。

▶▶ サイリスタとは？

　　サイリスタとはダイオードやトランジスタに比較して、聞き慣れない方も多いかと思います。サイリスタはやはり電力制御に用いるバイポーラデバイスですが、パワー半導体独自のデバイスといって差し支えないかと思います。その歴史的経緯は1-4で触れました。しかし、バイポーラトランジスタとは原理や構造、あわせて動作も異なります。やはり、高速スイッチングができるのが強みです。始めはオン状態しか作れませんでしたが、その後、オフ状態も作れるようになり、応用範囲が広がりました。

　　ただ、後で触れますがサイリスタは電源電圧を利用して外部から逆電圧を印加してオフさせる必要があり、そのために複雑な転流回路が必要になります。これを他励式といいます。後で述べるIGBTはこの転流回路が不要（これを自励式といいます）なのがメリットです。

▶▶ サイリスタの原理

　　基本的なサイリスタは図表2-3-1に示すような三端子のデバイスで、pnp型とnpn型のふたつのバイポーラトランジスタを一方のベースとコレクタをそれぞれ他方のコレクタとベースに接続したものに等価的になります。ゲート電極からベースにゲート電流を流して、オン状態に、アノードに逆方向電圧を印加することでオフ状態にできます。しかも、このサイリスタでは入力信号を取り去っても、臨界条件を越えない限り、その状態が保持（英語でラッチ：latch）されるという特徴を有します。サイリスタは1-4でも触れたように**SCR**（silicon controlled rectifier）とも呼ばれ、**シリコン制御整流器**と訳されますが、その意味は自然とわかってきます。回路記号は図表2-3-2に示したようになります。（a）は通常のサイリスタ、（b）は後で述べるGTOサイリスタです。

　　サイリスタの動作は図表2-3-3に示したようなオンとオフの状態を持ちますので、

2-3 双安定なサイリスタ

サイリスタの模式図（図表2-3-1）

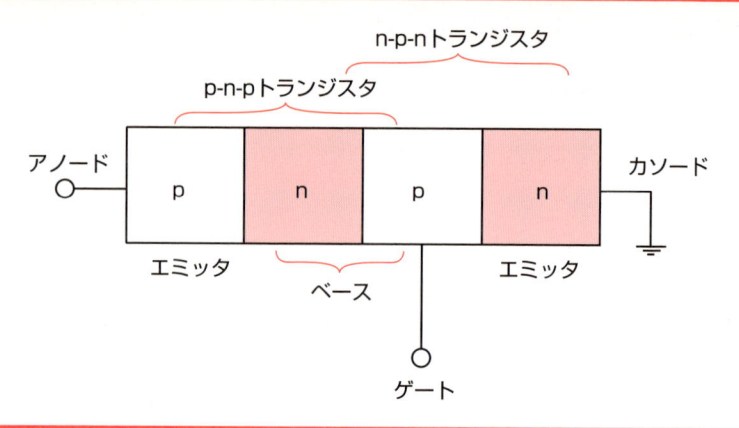

n-p-nトランジスタ
p-n-pトランジスタ

アノード — p | n | p | n — カソード

エミッタ　ベース　　　エミッタ
　　　　　　　　ゲート

サイリスタの記号（図表2-3-2）

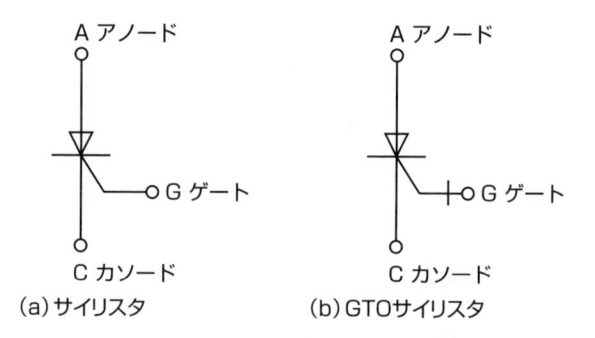

(a) サイリスタ
A アノード
G ゲート
C カソード

(b) GTOサイリスタ
A アノード
G ゲート
C カソード

ラッチアップ動作の模式図（図表2-3-3）

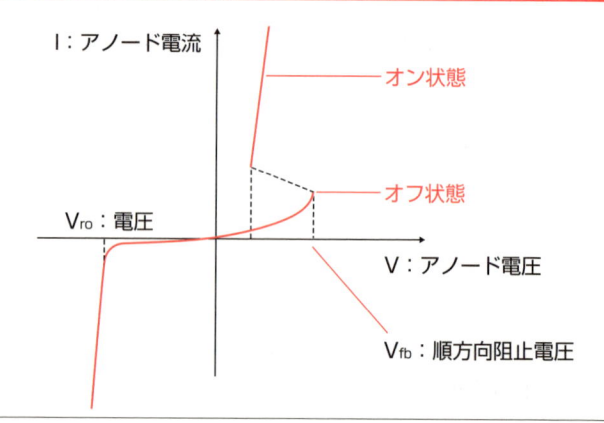

I：アノード電流
オン状態
オフ状態
V_{ro}：電圧
V：アノード電圧
V_{fb}：順方向阻止電圧

2-3 双安定なサイリスタ

サイリスタのスイッチング作用としては、前述のように外部の電源電圧を利用して、逆電圧を印加してオフさせることでスイッチングを可能にしています。

▶▶ トライアックとは？

トライアック（TRIAC：triode AC switch）とはふたつのSCRを互いに逆向きに並列につなぐことでI-V特性の第三象限にもふたつ目の安定状態を作ることです。その様子を図表2-3-4に示します。

トライアック動作の模式図（図表2-3-4）

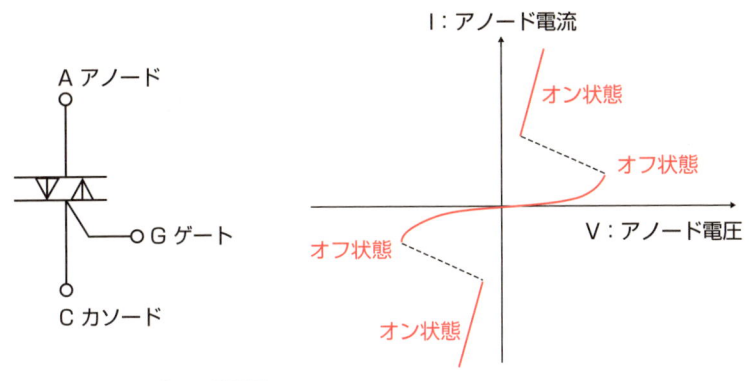

▶▶ GTOサイリスタの登場

GTOサイリスタとはゲート・ターン・オフ・サイリスタ（Gate Turn Off Thyristor）の略です。これはサイリスタはオン状態を作るとそれで安定してしまい、オフ状態にするには**転流回路**といって、別の回路から電流を供給してオフ状態にするわけですが、GTOサイリスタの場合はオフ状態にできることが特徴です。

▶▶ サイリスタの応用

サイリスタはこれらのスイッチング作用を利用して、産業機器の電力制御や電力変換に用いられます。例えば、電車のモータの回転制御などです。また、家庭用のインバータにも用いられます。ただ、後でも出てきますが、サイリスタはスイッチングが高速ではないので、大電流が必要なところのスイッチング素子として用いられています。電車のモータの回転制御などもIGBTに取って代わられています。

2-4
高速動作のパワーMOSFET

　ここではMOSFETの動作原理を説明するとともに、パワーMOSFETの発展の歴史を少し紐解きます。実際はMOS LSIで使用されるMOSトランジスタと原理や動作は同じですが、動作の電圧や流れる電流は桁が違います。

▶▶ MOSFETの動作原理

　簡単に説明しますと、バイポーラトランジスタの場合は**電流制御**ですが、MOSFETの場合は図表2-4-1に示すようにゲートに電圧をかけることにより、ソースとドレインの間の電流パスを形成し、トランジスタのオン・オフ動作をさせるものです。ゲート**電圧制御**なので、入力のインピーダンス＊が高いのが特徴になります。これが後で課題として出てくるオン抵抗の問題にもつながってきます（図中にはキャリアの流れを示しました。この場合はnチャンネル型といい、電子がキャリアとなるので電流の向きは逆です）。細かいことですが、図表2-4-1は模式的に描いたもので、実際に近い形は図表6-3-1を参考にして下さい。

　MOSトランジスタに詳しい方ならおわかりでしょうが、パワー半導体に使用されるMOSFETは**nチャンネル**の**エンハンスメント型**です。その理由は、より大きな電流が流せるのと、**オン・オフ比**が取れることが特徴です。nチャンネルというのはキャリアが電子で、エンハンスメント型というのは**ノーマリーオフ型**ともいいますが、ゲートに電圧を印加しないとトランジスタが動作しないタイプです。このことを深く記す余裕はないので、ある程度知っているという前提で以下話を進めますが、わかりやすい例えでいうと、水道の栓を開けないと水が流れないことと同じです。ゲート電圧を印加しなくても少し電流が流れるのは漏れ電流といい、省エネには不向きになります。水道でも漏れていれば、メータが跳ね上がるのと同じです。このノーマリーオフという言葉は、第7章のGaNのところでも出てきますので頭に入れておいて下さい。

　なお、ここでは原理の説明上、通常のMOSトランジスタである上記の図で説明しましたが、パワーMOSFETの場合は大きな電流を流す必要がありますし、耐圧も必要なので、図表2-4-2に示すような縦型の構造を採るのが普通です。更に図に示し

＊**インピーダンス**　交流動作時の抵抗と考えて下さい。

た構造は拡散層を二重にした**縦型二重拡散型**と呼ばれるものです。英語ではVertical Diffusion MOSFETと称し、略して**VD-MOSFET**と呼ばれます。また、電流を採るために平面の構造も違います。それについては2-7で説明します。

MOSトランジスタの動作の原理と回路記号（図表2-4-1）

(a) 動作の原理

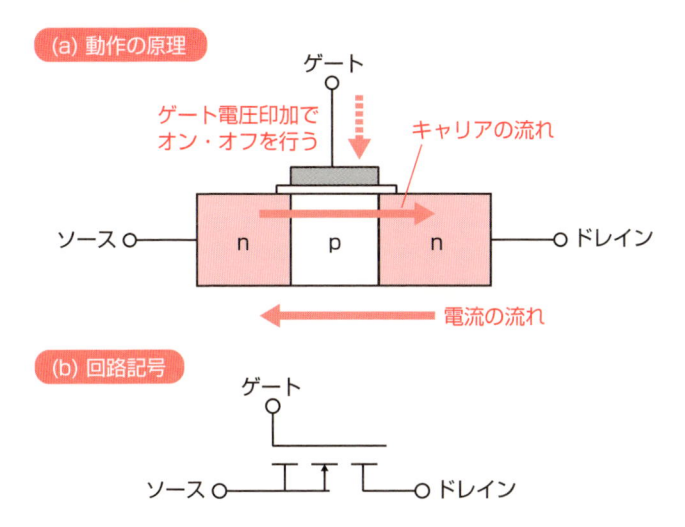

ゲート電圧印加でオン・オフを行う　キャリアの流れ

ソース　n　p　n　ドレイン

電流の流れ

(b) 回路記号

ゲート　ソース　ドレイン

VD型パワーMOSFETの模式図（図表2-4-2）

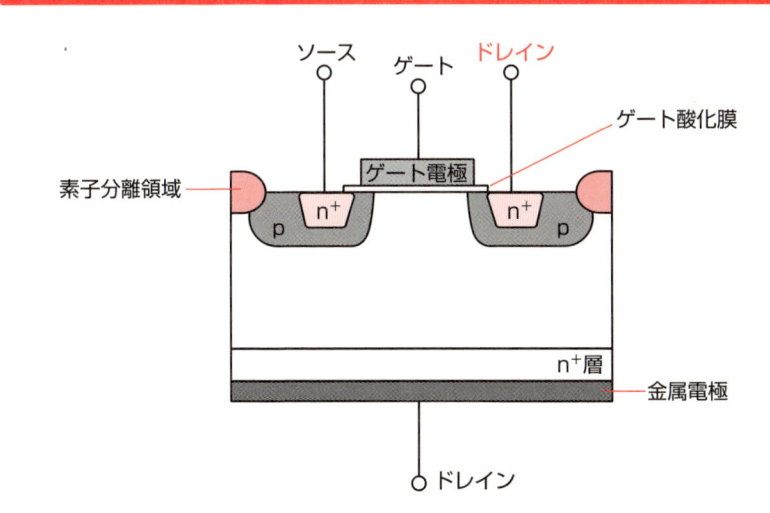

ソース　ゲート　ドレイン

ゲート酸化膜

素子分離領域　ゲート電極

n^+　n^+

p　p

n^+層　金属電極

ドレイン

2-4 高速動作のパワーMOSFET

▶▶ パワーMOSFETの特徴とは？

　MOSFETの歴史的背景は第1章で触れました。パワー半導体にMOSFETが必要になった理由を、2-2で学んだ知識をもとに第1章より少し詳しく述べますと、バイポーラトランジスタの場合のスイッチングはその原理から電流制御ですので、ベース領域での再結合過程（～3μsec）が律速になります。要はオフさせるのに時間がかかるということです。

　しかし、パワーMOSFETの場合はゲート電極への電圧印加という電圧制御ですので、スイッチングは一桁ほど速くなります。バイポーラトランジスタの場合は伝導度変調により、パワーMOSFETより飽和損失は小さくなります。しかし、スイッチング損失は一桁大きく、しかも動作周波数に比例して大きくなります。図表2-4-3にその模式図を示しますが、高速ではパワーMOSFETのスイッチング損失が一番小さくなります。

MOSFETとバイポーラトランジスタの損失の比較（図表2-4-3）

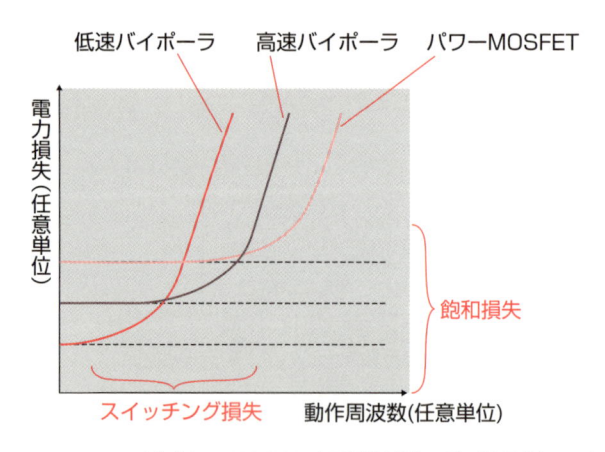

出典："パワーMOS FETの応用技術" 山崎浩、日刊工業新聞社（1988）

　MOSFETの最大の特徴は高速スイッチングが可能になることと書きましたが、動作上は数MHz（メガヘルツ）の高速動作が可能です。数MHzというのは一秒間に数

百万回スイッチングするということです。なぜ、そのようなスイッチング速度が必要なのでしょうか？　それは第3章で触れてゆきます。ただ、一方でMOSFETは高耐圧化には向いていないので数kVA以下の小〜中電力領域での利用が主になります。なぜ高耐圧化に向いていないかというと、n型領域の不純物濃度を下げるとオン抵抗を低減できるからです。オン抵抗と耐圧の件は2-6で詳しく触れます。

▶▶ MOSFETの色々な構造

　このように高速動作に利用されてきたMOSFETですが、応用範囲が増えるにつれ、色々な構造のものが出てきました。これも全部紹介していたら限がないのでいくつかの例を説明します。例えば、より耐圧を取る構造として、図表2-4-4のようなチャネル部に溝を形成した構造もあります。

　しかし、V字の先端に電界が集中するということで、それを緩和するためにU字形の溝にした構造もあります。このようにパワーMOSFETも世代交代とともに構造も大きく変わってきました。プロセスの話になりますが、V字溝の場合はKOHなどを用いてシリコン結晶方向による異方性エッチングを用いることで形成できますが、U字溝の場合はドライエッチングを用いることになります。

パワーMOSFETの例－V-Groove型（図表2-4-4）

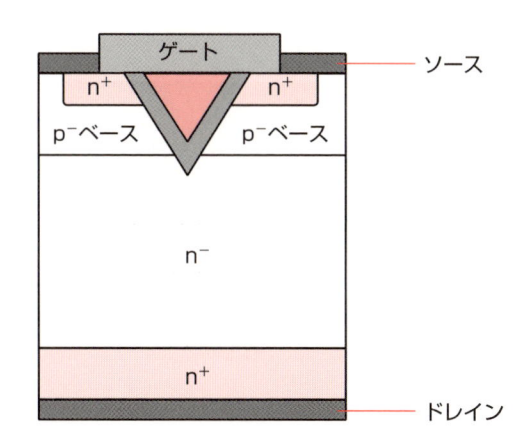

MOSFETの応用範囲

　MOSFETの場合は原理上、あまり大きな電流が流せません。しかし、電圧駆動ですので、より高速のスイッチングが可能になります。電流は横型ではチャネル幅を大きくすることは可能ですが、それには限界があるので出力容量が大きくなく、高速動作が必要な民生機器に応用されるケースが多いです。2-5でも少し触れます。

バイポーラとMOSFETの違い

　バイポーラトランジスタをMOSFETを使用する時の違いを簡単に述べておくと、バイポーラトランジスタでは入力電流が増幅されて出力電流に変わるのに対して、MOSFETでは入力電圧が増幅されて出力電流になります。前者は入力インピーダンスが低いのですが、後者では入力インピーダンスが高くなります。このMOSFETの動作は、真空管の動作の原理でいえば、グリッド電圧でアノード電流を制御する三極真空管に似ています。

　バイポーラトランジスタとMOSFETの違いは、この後、追々触れてゆきます。

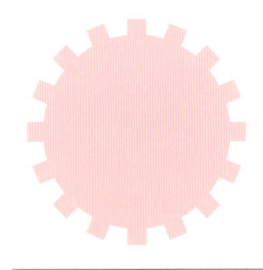

2-5
エコ時代のIGBT

第1章でも述べたようにIGBTとはInsulated Gate Bipolar Transistorの略で絶縁ゲート型バイポーラトランジスタと呼ばれています。ここではIGBTの原理と動作に踏み込んで解説します。

▶▶ IGBT登場の背景

第1章と多少重複するかもしれませんが、多少IGBTの出現について説明します。いままで説明したようにバイポーラトランジスタ、サイリスタ、パワーMOSFETとパワー半導体が出揃ってきました。とはいえ、高速スイッチング可能なMOSFETにも課題はあります。高速にするためには、MOSFETの構造上の制約から耐圧が低いという問題です。しかし、応用市場では大電圧領域での電力変換が求められるようになりました。例えば、新幹線の誘導モータなどです。そのため比較的大電圧領域でも高速スイッチングが可能なパワー半導体が必要になります。そこで登場してきたのがIGBTです。図表2-5-1に各パワー半導体の棲み分けを示します。

各パワー半導体の棲み分け（図表2-5-1）

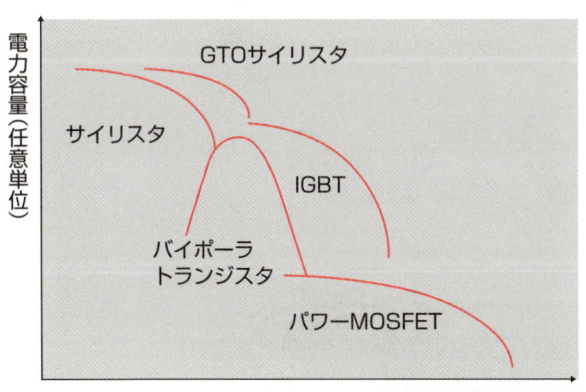

縦軸：電力容量(任意単位)　横軸：動作周波数(任意単位)

GTOサイリスタ / サイリスタ / IGBT / バイポーラトランジスタ / パワーMOSFET

出典：種々の資料に基づき作成

2-5 エコ時代のIGBT

　図表2-5-1は動作周波数や電力容量をパラメータに各パワー半導体の得意領域を示したものですが、IGBTがバイポーラトランジスタとMOSFETの不足領域をカバーしていることがわかります。ここで動作周波数はスイッチング速度、電力容量は耐圧と読み替えても良いでしょう。

▶▶ IGBTの動作原理

　一般的な縦型のIGBTの例で説明します。まず図表2-5-2にIGBTの構造の模式図と回路記号を示します。図表2-4-2のVD型パワーMOSFETと比較していただけるとわかると思いますが、大胆な見方をすれば、パワーMOSFETの下部にバイポーラトランジスタを付けたような形になっていることがわかります。シリコン基板側が下部からp^+-n^+-nの三層になっているのが特徴です。ここでnはシリコン基板です。このp^+とn^+-nとエミッタの下のp層で$p-n-p$のバイポーラトランジスタを形成しているわけです。これを図表2-5-3に描いてみました。

　IGBTの場合はサイリスタのように転流回路を必要とせず、MOSFET部でオン・オフできますので自己転流ができることが最大のメリットです。

縦型IGBTの構造の例（図表2-5-2）

(a) 断面構造の模式図

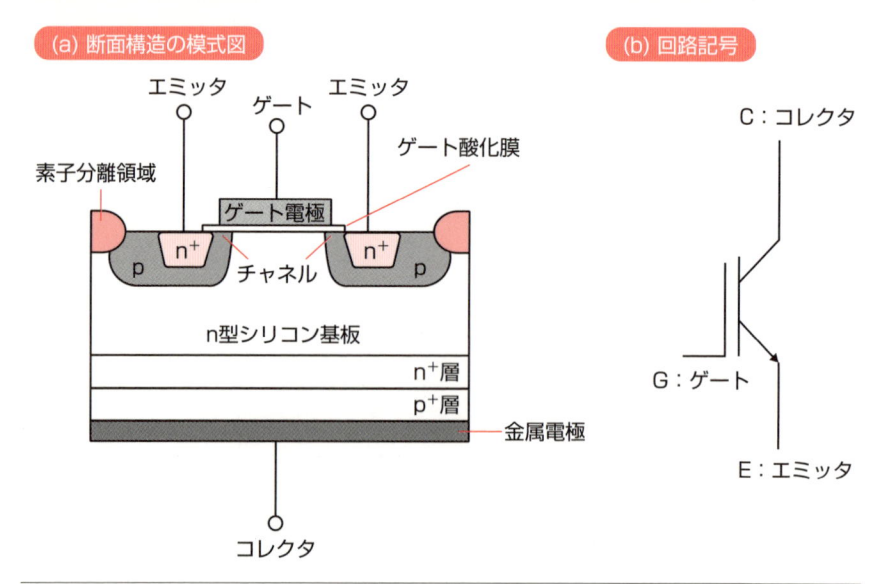

(b) 回路記号

2-5 エコ時代のIGBT

IGBTの構造の分析の例（図表2-5-3）

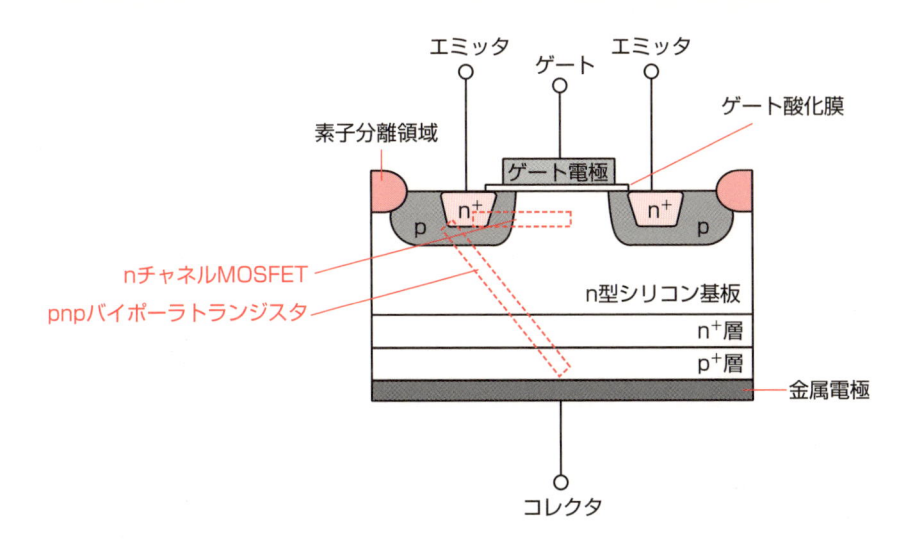

エミッタ／ゲート／エミッタ／ゲート酸化膜／素子分離領域／ゲート電極／nチャネルMOSFET／pnpバイポーラトランジスタ／n型シリコン基板／n^+層／p^+層／金属電極／コレクタ

▶▶ 横型IGBTの例

　IGBTは縦型ばかりでなく横型もあります。図表2-5-4には横型IGBTの例を示しておきます。

横型IGBTの例（図表2-5-4）

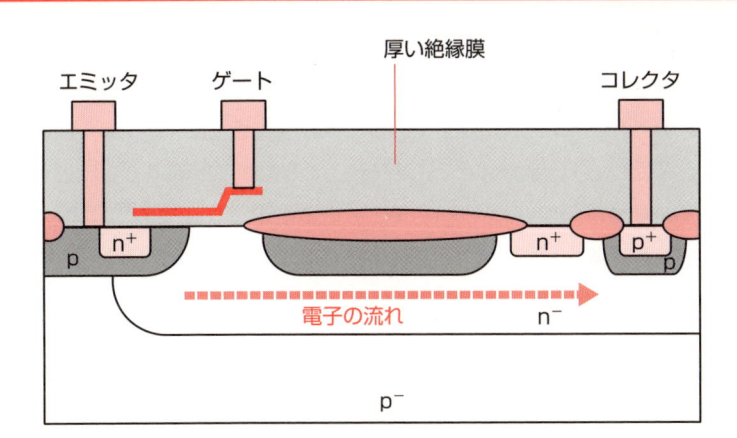

エミッタ／ゲート／厚い絶縁膜／コレクタ／p／n^+／n^+／p^+／電子の流れ／n^-／p^-

2-5 エコ時代のIGBT

まず、図に示すように高い絶縁耐圧が必要なので、厚い絶縁膜にゲート電極（図で色の付いた太線で示しています）が覆われています。また、電流パスも耐圧が必要なので、エミッタ、コレクタ間のサイズは大きくなり、また大電流を流すために拡散層の深さも深いものになっています。図は便宜上、縦横比が正確ではありません。n^-層の厚さ（深さ）は数百μm単位です。先端MOSトランジスタと比較すると数桁違うことがわかります。ここであえて横型IGBTを取り上げたのは、半導体デバイスの奥深さを知って頂くためという意味もあります。電流のオン・オフは横型IGBTでもいうまでもなく、ゲートへの印加電圧により、図のゲート電極の下のp層を反転させることで電子の通り道（チャネル）を作ることで行ないます。バイポーラトランジスタは、エミッタの下のp層とそれに続くn^-層とコレクタのp/p^+層で形成されています。

なぜ横型のIGBTが必要かというと、他の、例えば駆動回路などと集積化しやすいためです。例えば、低消費電力のCMOS回路を駆動回路として一体化する場合などです。この場合は、通常のMOS LSIプロセスを使う必要があるため、横型にします。縦型のIGBTは第6章で触れますが、通常のMOS LSIプロセスとはかなり異なります。

▶▶ IGBTの課題

IGBTは大電流領域での高速スイッチングが可能という特徴がありますが、今まで説明しましたようにバイポーラトランジスタとMOSFETの組合せであることから、構造も複雑であり、そのため製造プロセスも複雑になります。もちろん、コストも高くなる要因になります。

例えば、IGBTではパンチスルー型という2-8で触れるエピタキシャル成長を使うものがあり、まだIGBTの半分ほどを占めているといわれていますが、エピタキシャル成長層の不純物濃度のコントロールが難しいといわれています。そのため、IBGTでの色々な構造が提案されています。このあたりは第6章で更に踏み込んで説明します。

2-6
パワー半導体の課題を探る

パワー半導体の課題は色々あるのですが、ここでは業界誌（紙）などのニュースで頻繁に出てくるオン抵抗と耐圧の問題に絞って解説します。パワー半導体ならではの課題です。前にも記しましたが、ここで少し詳しく述べます。

▶▶ オン抵抗とは？

オン抵抗とはトランジスタの動作時の入力抵抗のことです。これが高いほど、わかりやすくいうと"大飯食い"ということになります。逆にいえば、オン抵抗を低減できれば、より大きな負荷を課すことができるといえます。

オン抵抗の要因になっているのは色々あり、簡単に説明できることではないですが、図表2-6-1に示すようにpn接合の順方向に電圧をかけていった時の電流の流れやすさと理解していいでしょう。電流が流れにくいほど、オン抵抗が高いということになります。

pn接合でみるオン抵抗と耐圧の関係（図表2-6-1）

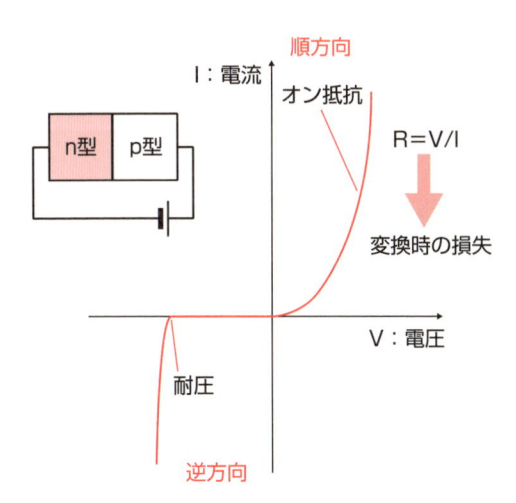

$R = V/I$

2-6　パワー半導体の課題を探る

　その対策としてはMOSFETの例でいえば、まずは（100）基板＊を用いることです。（100）の方が電子の移動度が高く、オン抵抗を下げるには適しているからです。また、エピタキシャルウェーハを使用するということも対策のひとつです。エピタキシャル層の不純物濃度と厚さでオン抵抗と次に述べる耐圧が決まるといえます。
　これは言い換えるとチャネル抵抗を下げることが必要ということです。そのため、短いチャネル長で広いチャネル幅を持つVMOSやDMOSとして実現されました。文章ではわかりにくいと思いますが、2-4で説明したとおりです。

▶▶ 耐圧とは？

　耐圧とは何ボルトまでの電圧に耐えられるかということです。実際の給電側での供給電圧はある程度の区分ができていますので、その用途での耐圧をどれだけ求めるかということになります。これはある程度は標準化されており、図表2-6-2に示すような目安があります。
　耐圧はオン抵抗と両立しません。なぜならば、pn接合に流れる電流の抵抗を下げようとするには半導体層の厚さを薄くすれば良いのですが、半導体層を薄くすることは印加可能な電圧の低下、すなわち耐圧の低下を意味するからです。それを図表2-6-1の左側に示します。これはpn接合の逆方向の電圧を加えていった時の耐圧を示しています。

耐圧の目安（図表2-6-2）

- 低耐圧　　～300V
- 高耐圧　　300V以上

（a）耐圧の区分の例その1

- 低耐圧　　～150V
- 中耐圧　　150V～300V
- 高耐圧　　300V以上

（b）耐圧の区分の例その2

＊**（100）基板**　面方位が〈100〉であるシリコンウェーハをいいます。バイポーラトランジスタでは〈111〉を使用しています。

▶▶ シリコンの限界は？

　第5章の材料のところで詳しく触れますが、オン抵抗の低減と耐圧向上を図るにはシリコンでは既に物性的に限界があるとして、新しい材料に移行しようという動きがあります。それがSiCやGaNです。これらの材料は物性的にシリコンの耐圧を凌駕しており、オン抵抗の低減もSiCやGaNの電子の移動度からすると可能です。このようにパワー半導体の分野では先端MOS LSIとは、基板材料の開発という領域の異なる競争が始まっています。それがこの分野の特徴であるともいえます。

　一方、シリコンを用いるパワー半導体ではプレーナ型では対応できずに、トレンチ型などに移行しつつあります。構造で対応するのがシリコンです。流れとしてはウェーハの薄膜化、プレーナ化、トレンチ化、そしてパンチスルー型からノンパンチスルー型、そしてフィールドストップ型となっています。詳しくは更に第6章や第7章で触れます。

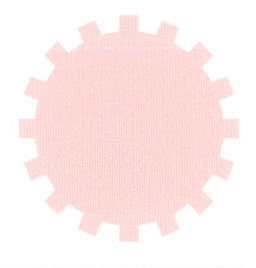

2-7 パワー半導体とMOS LSIの違い

ここではパワー半導体と、現在先端半導体の主流になっているMOS LSIやそれに使用されるMOSトランジスタの違いを知っておきましょう。

▶▶ パワー半導体はウェーハ全体を使う肉体派？

　MOS LSIもパワー半導体も原理的にはシリコンウェーハ上にたくさんチップを作る方式に変わりありませんが、パワー半導体の中には一枚のウェーハが1チップになるという例もあります。このようにパワー半導体とMOS LSIでは色々と異なる点があります。その違いの中で、一番に知っておいて頂きたい点を強調しておきましょう。

　両者とも原理的な動作に関しては同じと考えて下さい。しかし、LSIに用いられるMOSトランジスタは信号の伝達をオン・オフで行なうものであり、低電圧において微小電流でスイッチングするものですので、トランジスタの仕様が全く違ってきます。MOSトランジスタは、図表2-7-1に示すような横型構造のものが使用されます。この構造は図の水平方向に電流が流れるタイプです。電流を大きくするには図の奥行き方向にもキャリアのパス（チャネル）を広げるしかありません。これに対して、パワーMOSFETの場合は2-4で説明したように縦型で、ウェーハの縦方向に電流を流します。ウェーハの厚み全体を使用するといってもいいかも知れません。したがって、ある程度耐圧も取れますし、大きな電流を流すことも可能です。

横型MOSFETの構造の断面模式図（図表2-7-1）

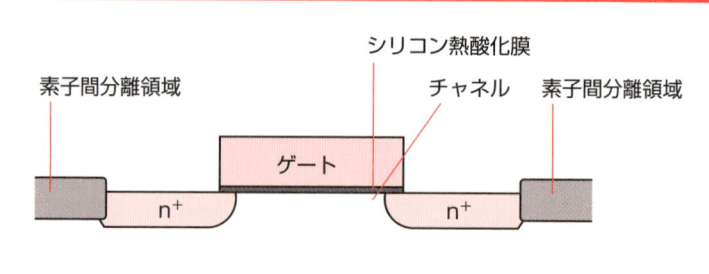

2-7 パワー半導体とMOS LSIの違い

▶▶ 先端ロジックは逆にウェーハの上に積層する

これに対して、MOS LSIでは電流が流れるのは横型MOSトランジスタを使用するため、シリコンウェーハ表面のごく一部です。しかし、先端MOSロジックでは色々な回路検証＊ができた回路ブロックを組み合わせるために多層配線が主流になります。したがって、CMOS＊先端ロジックの場合はむしろ、ウェーハの上に配線層を多層に積層する形になります。これを図表2-7-2に示してみました。

先端CMOSロジックの断面の模式図（図表2-7-2）

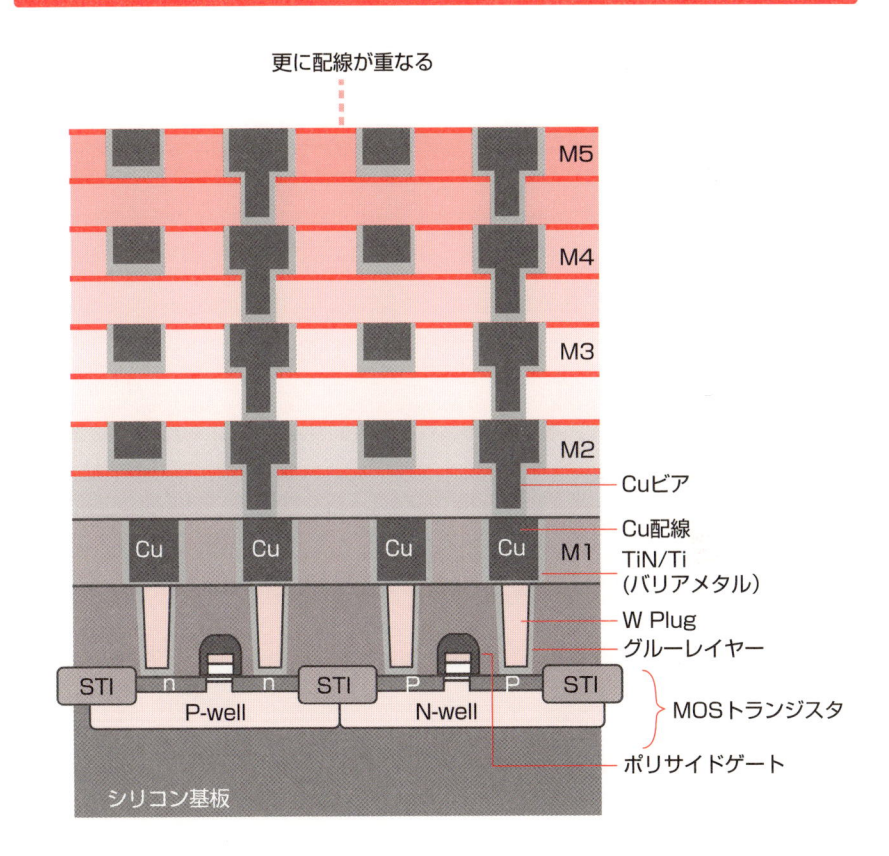

更に配線が重なる

M5
M4
M3
M2
Cuビア
Cu配線
Cu　M1
TiN/Ti
（バリアメタル）
W Plug
グルーレイヤー
STI　n　n　STI　p　p　STI
P-well　N-well
MOSトランジスタ
ポリサイドゲート
シリコン基板

＊**回路検証**　動作が確認されて回路検証ができた回路ブロックはコアとかIPとか呼ばれます。IPとはIntellectual Propertyの略で知的財産権で保護されている回路ブロックと考えて良いでしょう。

＊**CMOS**　Complementary Metal Semiconductor Oxideの略でn型、p型トランジスタがそれぞれの負荷になるように形成され、省電力化が図れます。

2-7 パワー半導体とMOS LSIの違い

　この図は先端MOSロジックLSIとの違いをイメージで理解していただくために参考までに挙げたものですが、トランジスタ形成工程より多層配線工程が多いことが直感的にわかると思います。

　そのため多層配線工程をバックエンドと称しているくらいです。ゴルフの1ラウンドはフロントエンドもバックエンドも同じ9ホールですが、MOS LSIではバックエンドの方が長いといえます。

▶▶ 電流を流すための構造の違い

　いままでは断面で見てきましたが、ロジックに使用されるMOSトランジスタとパワーMOSFETは平面から見ても構造が違います。それを図表2-7-3に示します。前者の場合はゲートでソースとドレインを区切るような配置になりますが、後者の場合はゲート電極を囲むような形でソース電極が形成されていることがわかります。それだけ、電流のパスが広がり、大きな電流を流せる（実際にはウェーハ底部のドレイン電極まで流れます）ことがわかります。一口にMOSといってもその奥が深いことをわかっていただけたでしょうか？　このためパワー半導体ではMOS LSIには出てこないプロセスがあります。それは次の節で説明します。用いるシリコンウェーハにも違いが出てきます。それは第5章で詳しく説明します。

パワーMOSFETと通常のMOSFETの違い（平面図）（図表2-7-3）

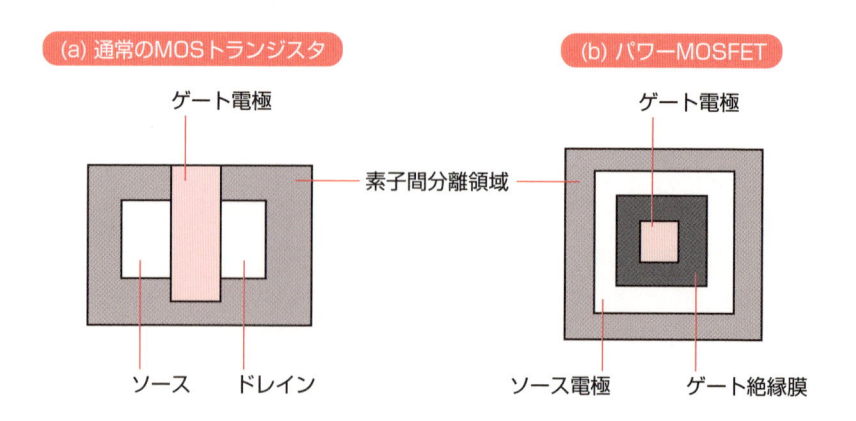

(a) 通常のMOSトランジスタ
ゲート電極
素子間分離領域
ソース　ドレイン

(b) パワーMOSFET
ゲート電極
ソース電極　ゲート絶縁膜

2-8 ここが違うパワー半導体プロセス

　MOS LSIとの大きな構造の違いを学んだところで、ここではCMOSに代表されるLSIの製造プロセスにはないパワー半導体独自のプロセスを説明しておきます。ここで取り上げるのはエピタキシャル成長法、ベベル加工、裏面アニールです。ウェーハなどの材料もMOSとは異なってきますが、それについては第5章で説明します。

▶▶ エピタキシャル成長とは？

　ここでは**エピタキシャル成長**が何かということについて説明しておきます。エピタキシャルとはギリシャ語のエピ（～の上にの意味）とタキシス（揃っているの意味）を合成してできた言葉で、シリコンウェーハと同じ結晶配向のシリコン層をシリコンウェーハ上に成長させることをいいます。昔は主としてバイポーラトランジスタに使用されていました。バイポーラトランジスタでn層の上により濃度の高いn$^+$層や、逆にp層の上により濃度の高いp$^+$層を形成してコレクタ抵抗を下げることなどに用いていました。CMOSでもラッチアップ対策でエピが必要という提案もありましたが、現在ではエピ成長は使用されておりません。

　通常はシリコン系ガス＊とドーピングさせたい不純物ガス（n型ですとホスフィン：PH$_3$、p型ですとジボラン：B$_2$H$_6$など）を添加して1000℃以上の高温で行ないます。このようにエピタキシャル成長させた層を有するウェーハを正確にはエピタキシャルウェーハといいますが、現場では略してエピウェーハ、エピタキシャル成長をエピ成長、単にエピという場合もあります。

　何ゆえパワー半導体でエピタキシャル成長が必要になるかといえば、例えば、パワー半導体の場合は前述のようにオン抵抗を低減することが重要です。オン抵抗を低減するためには、このエピタキシャル成長が用いられることもあり、エピタキシャル層の不純物濃度と厚さでオン抵抗が決まるからです。

▶▶ エピタキシャル成長装置

　このエピタキシャル成長装置で通常の半導体製造装置と大きく異なる点は、加熱温度が1000℃以上まで可能な加熱機構を有するということです。通常は高周波の

＊**シリコン系ガス**　シリコン（Si）を含むガスで、シリコンの水素化物や塩化物が主流です。前者にはシラン（SiH$_4$）、ジシラン（Si$_2$H$_6$）、後者には四塩化シリコン（SiCl$_4$）などがあります。

2-8 ここが違うパワー半導体プロセス

誘導加熱方式を採ります。パワー半導体ではウェーハが大口径ではないので、バッチ式*が主体でターンテーブルに複数枚のウェーハを置くロータリーディスク型と縦型が主流でした。前者の例を図表2-8-1に示します。

MOS LSIなどでは200mm、300mmウェーハと大口径化が進む中で、その対応に枚葉式*の装置も出てきたのに伴い、加熱もランプ方式のものも出てきました。最近は、IGBT用のエピタキシャル成長装置として国内で製造販売している例もあります。

▶▶ ベベル加工とは？

ベベル（Bevel）とは沿面ともいいますが、これもパワー半導体以外ではあまり耳にしないだろうと思うので簡単に説明しておきます。パワー半導体はウェーハ全体を使用すると前節で説明しました。図表2-8-2にウェーハ全体の模式図を示します。この**ベベル面**は粗い仕上げになっています。パワー半導体ではウェーハの厚さ方向に使用するのでこのベベル部を放電防止のために保護膜で覆ったり、均^{なら}してなめらかにするような加工が行なわれます。

▶▶ その他の例

その他にパワー半導体では今まで構造を見てきたように裏面に不純物を導入するので、**裏面アニール**が必要になるものもあります。国内でやはり専用装置を製造販売している例もあります。それと同じように裏面にパターニングが必要な場合は"両面アライメント"を行なう必要があり、そのための裏面アライナーという装置があります。

その他にも目で変化のあるプロセスではないですが、ライフタイム制御のため、電子線を照射するようなことが行なわれている例もあります。パワー半導体では、オンからオフに切り替わった際に過剰なキャリアを消す必要があるために行なわれるプロセスです。紙面の関係上、名称のみの紹介にしますが、パワー半導体は構造がMOSトランジスタとは異なるために通常のプロセスの本には書いていないようなプロセスがあると理解していただければいいと思います。

▶▶ パワー半導体のファブ（工場）

最後にパワー半導体のファブについて簡単に触れておきます。半導体工場という

＊**バッチ式、枚葉式**　バッチ式は一回の製造プロセスで複数枚のウェーハを処理する方式のことです。一枚ずつ処理する方式を枚葉式といいます。

2-8 ここが違うパワー半導体プロセス

と半導体デバイスを何でも作っているというイメージを持っておられる読者もいるかと思いますが、そうではありません。自動車産業でいうと小型車とトラックの生産工場より違うかも知れません。パワー半導体についても前節から見当が付くと思いますが、用いるウェーハもプロセスも異なりますので、専用のファブで生産しています。ウェーハにチップを作ることを前工程、それをパッケージに組み立てることを後工程といいますが、我が国もパワー半導体メーカでは前工程は国内、後工程は海外でという動きも出てきました。また、古い6インチや8インチのMOSの製造ラインをパワー半導体のラインに変換する動きもあります。

バッチ式エピタキシャル成長装置の概要（図表2-8-1）

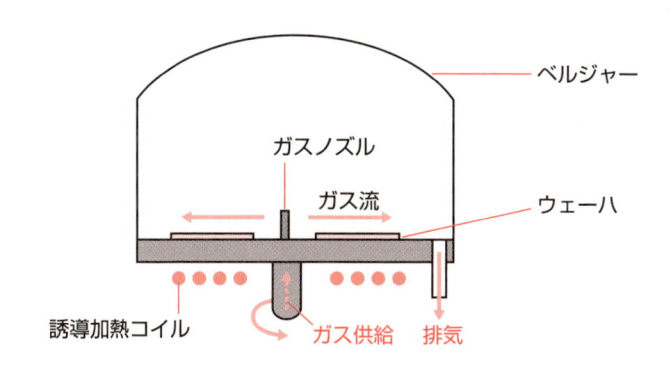

（ベルジャー、ガスノズル、ガス流、ウェーハ、誘導加熱コイル、ガス供給、排気）

ウェーハ各部の名称（図表2-8-2）

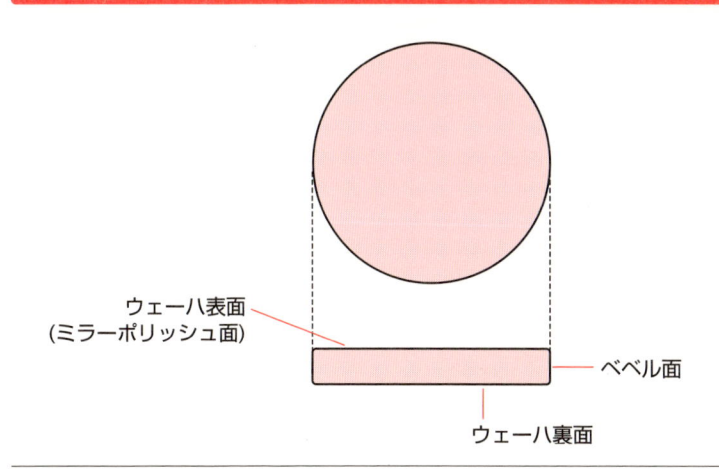

（ウェーハ表面（ミラーポリッシュ面）、ベベル面、ウェーハ裏面）

第3章

パワー半導体の用途と市場

この章ではパワー半導体の応用分野を、産業界から一般家庭まで広く取り上げて解説します。身の回りで目立たないパワー半導体の役割を解説します。

3-1
NANDフラッシュを越える市場規模

広い意味でのパワー半導体の市場規模は、ワールドワイドで約2兆円といわれています。これは今をときめくフラッシュメモリに相当する市場規模です

▶▶ パワー半導体の市場

　2010年現在、為替の変動で値は動きますが、全世界の半導体デバイス市場は約25兆円ほどです。一方で、広義のパワー半導体の市場は現在2兆円を越えるという報道もあり、NANDフラッシュよりも規模的には大きくなります。市場の伸びも6～7%の年成長で、2011年には3兆円を超える予測もあります。また、狭義のパワー半導体でも1兆円超の市場規模があるといわれています。第8章で述べるグリーンディール政策の推進などで、ますますパワー半導体の出番が多くなることも予想され、今後の市場動向が注目されます。更には第5章で述べるシリコンに替わる新しい材料であるSiCやGaNなどのいわゆるワイドギャップ半導体材料による性能向上など、今後の延びしろも期待されます。これらの材料はまだ材料コストが高いですが、今後低価格化が進めば、一気に市場のシェアも大きくなると思われます。

　参考までに各半導体製品別のシェアを図表3-1-1に示します。これは2010年度の予測の数字ですが、圧倒的にIC（LSI）が多い中で、パワー半導体を含むディスクリート半導体も6.7%と健闘しています。

▶▶ パワー半導体への参入企業

　この分野への参入企業は大きく分けて、三つのグループに分けられると考えられます。ひとつは伝統的な総合電機部門を持つメーカです。我が国でいえば、東芝、日立、三菱、ルネサス、富士電機などです。海外ではインフィニオン（独シーメンスから分離）、フェアチャイルド（米GE*の一部門）などです。もうひとつはパワー半導体の専門メーカです。全社的な半導体事業の規模としては小さいですが、パワー半導体専業メーカです。我が国でいえば、新電元、旭化成東光、三社電機、海外ではインターナショナル整流器、などでしょうか。

＊GE　General Electric社。米国の総合電機メーカー。

その他には幅広く半導体事業を展開している中でパワー半導体を扱う会社です。我が国ではローム、海外ではNXP（米モトローラより分離）やSTマイクロ（欧）などがあります。これらを図表3-1-2にまとめてみました。

日本企業が強いパワー半導体部門

メモリや先端ロジックでは苦戦している日本企業ですが、パワー半導体の分野ではほとんどの製品でシェアの半分ほどを占めています。例えば、2～3年前のデータですが、IGBTの生産シェアは三菱電機、富士電機など我が国のメーカで世界シェアの6割弱です。パワー半導体の分野はこれからの半導体ビジネス展開の上で考えさせられるものがあると思います。今後もこの強みを発揮できるような戦略を考えてゆくべきと思います。

各半導体製品の市場（図表3-1-1）

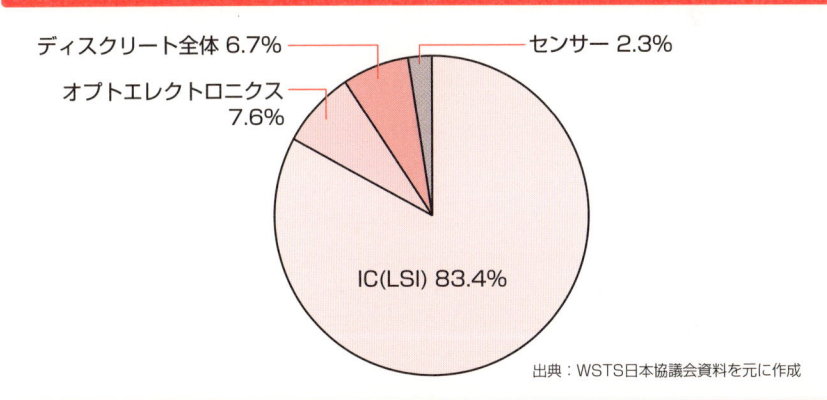

- ディスクリート全体 6.7%
- オプトエレクトロニクス 7.6%
- センサー 2.3%
- IC(LSI) 83.4%

出典：WSTS日本協議会資料を元に作成

パワー半導体の参加企業（図表3-1-2）

	重電系からの参入	幅広い展開からの参入	専業メーカ
海外	フェアチャイルド(GE)　インフィニオン	STマイクロ　NXP	インターナショナル整流器
国内	東芝　三菱　日立　ルネサス　富士電機	ローム	新電元　新日本無線　旭化成東光　三社電機

3-2
上流から下流で活躍するパワー半導体

パワー半導体の応用を探る前に発電所で作られた電力はどのようにして我々の身近なところに届くのでしょうか？　ここでは、それをまず見てみたいと思います。

▶▶ 電力網とパワー半導体

　既存の電力網は水力、火力、原子力などの各発電所で発電された電力を送電するものです。送電には**三相交流送電**と**直流送電**があります（それぞれにメリット、デメリットがありますが、ここでそれらに触れる余裕はないので、詳細は他書に譲ります）。

　我が国では大きい電力が送れる三相交流が主流です。直流送電は交流のようなリアクタンス*がなく、交流電圧の実効値の$1/\sqrt{2}$の絶縁で良いというメリットから、例えば、北海道－本州間や四国－本州間の送電に用いられています。これらの送電網で交流－直流、直流－交流の変換が行なわれる際にパワー半導体が働きます。

　また、ご存知のように我が国では富士川を境に東は50Hz、西は60Hzと周波数が異なります。電力融通を行なうために周波数変換所が、何箇所かその境界に設置されていますが、その規模はそんなに大きいものではありません。この周波数変換を行なうのもパワー半導体の役割です。以上述べた送電の仕組みを図表3-2-1にまとめてみました。

　発電所で作られる電圧は27万5千Vのような高圧ですので、発電所から高圧送電線で送電され、変電所に到達します。図では便宜上一回の変電になっていますが、実際には何段階もの変電所を経て、ユーザに配電される最終変電所まで送られます。図では一方的に描いていますが、もちろん送電網はネットワーク化され、過不足に応じて、送電をコントロールしています。ここからユーザへの給電を**配電**と呼んで、発電所から変電所までの**送電**とは区別します。最終的にはビルなどには22kVで、一般家庭には電柱から変圧器をへて、交流100Vの電気が来ています。大口消費者の工場などでは自前の変電所などがある場合もあり、図はあくまで一般的なものとして見て下さい。

---

*　**リアクタンス（reactance）**　　交流回路に入るコイルやコンデンサの電圧と電流の比で、擬似的な電気抵抗と考えて下さい。

電力送電網と配電（図表3-2-1）

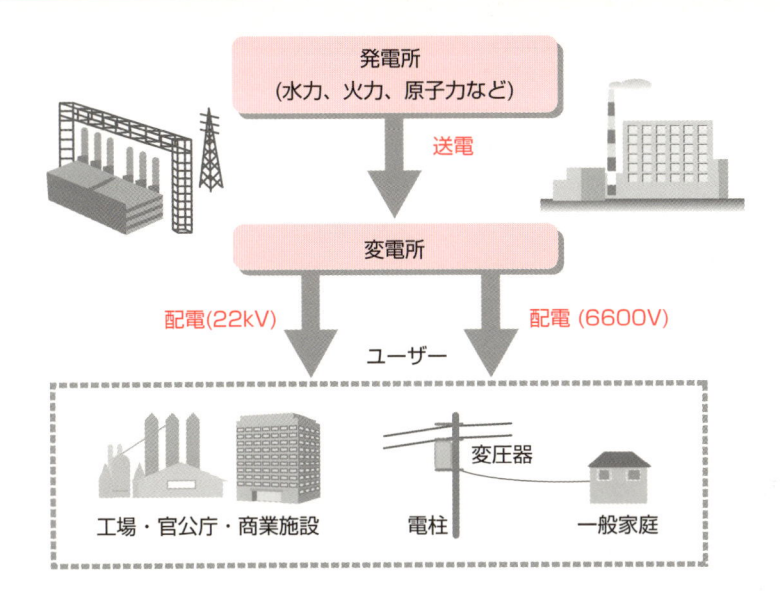

発電所
（水力、火力、原子力など）

送電

変電所

配電（22kV） 配電 (6600V)

ユーザー

工場・官公庁・商業施設　　変圧器　電柱　一般家庭

▶▶ 実際のユースポイントでは

　電力会社が供給する電気は電圧や周波数が一定ですが、実際に使うユースポイント（工場、商業施設、オフィス、一般家庭）においては機器に応じて色々な電圧や周波数が必要です。したがって基本的には1-3で述べたインバータやコンバータを利用して、機器（負荷）に最適な電圧や周波数に変換する必要があります。

　一方、家庭用の太陽電池や燃料電池でも家庭用電源にあわせて供給する必要があります。これについては第8章で触れます。これらのコンバータ、インバータを構成するキーパーツがパワー半導体です。このとき大事なのが、6-1で触れる**変換効率**です。

▶▶ パワー半導体の産業機器への応用

　産業機器ではモータが使用されることが多いですが、インバータで作られる交流は可変電圧、可変周波数の交流と考えられますので、誘導モータの速度制御に最適です。そこで、工場のポンプやファン、ベルトコンベア、工作機械など誘導モータ

3-2　上流から下流で活躍するパワー半導体

が使用される装置・機器の速度制御にパワー半導体が使用されます。この原理は3-3で触れますので、こちらを参考にして下さい。ここでは、産業機器に使用される誘導モータでは、その速度制御にパワー半導体で構成されるインバータが有効であることを頭に入れておいてもらえればと思います。

　パワー半導体は、このようにエネルギー（電力）供給側とエネルギー消費側の間で電力変換という仕事をするデバイスといえます。つまり、電力供給側の電力をユーザ側で使える電力へ変換するデバイスといえます。ユーザ側には色々なニーズがあるので、その役割も幅広いといえます。図表3-2-2-にそれをまとめてみました。ただ、ここでは従来の発電リソースとの関係で触れただけなので、今後の電力網であるスマートグリッドの中で果たす役割も第8章で考えてゆきたいと思います。それがパワー半導体の潜在力（ポテンシャル）だといえます。

パワー半導体の役割（図表3-2-2）

エネルギー供給源
（色々な発電源）

↓ 電力

パワー半導体（パワーエレクトロニクス）

↓ 電力の変換

エネルギー需要者
（色々な機器）

3-3 交通インフラとパワー半導体

ここでは電車・自動車などの交通インフラとパワー半導体の関係を探ります。これからのクリーンエネルギーの時代には重要になります。

▶▶ 電車とパワー半導体

　車社会により一時廃止された路面電車、いわゆる**ライトレール**（Light Rail Transit）の復活に見られるように鉄道が復権しようとしています。現在、CO_2排出量のうち、20％ほどを運輸関係で占めているというデータがあり、これは自動車の排気によるものが多いとされているからです。その点、電車に代表される鉄道はCO_2の排出がないといっていいので、環境・エネルギーの世紀といわれる21世紀の移動手段として見直されています。実はこの電車・電気機関車にもパワー半導体が必要です。

　最初の1-4でも紹介しましたが、電車などの整流機器やインバータにはパワー半導体が使用されています。ある意味、現在の電気機関車や電車の発展はパワー半導体に負うといっても過言ではないでしょう。

　ここで、少しおさらいというか、鉄道インフラについて触れましょう。我が国では以前は**直流電化**でした。特に戦前から電化されていた地区を中心に在来線は今でも直流電化の線路があります。現在は新幹線をはじめ、新しく電化された在来線の電化区間は**交流電化**＊がほとんどです。これは直流電化ですと変電所の間隔を数kmで設置しなければならないため、鉄道の建設コストがかかるからです。一方、交流電化では数十kmから110km程度まで変電所の間隔を広げることができるため、建設コストが抑えられます。それでは電車に積んでいるモータはどうでしょうか？これもしばらく前までは直流モータが使用されていました。直流モータはブラシと整流子を組み合わせた面白い原理のモータですが、逆にそのためメンテナンス等が大変で、最近は交流モータになり、いわゆる**誘導モータ**（induction motor）を使用しています。上述のことは工作などでブラシ付きの直流モータを作ったことがあれば、実感できると思います。筆者も不器用なので苦労しました。また、ブラシが消耗する点も問題となります。

　この交流電化で直流モータを使用するシステムでは整流器が必要で、1-4で述べ

＊**交流電化**　我が国では1954年に仙山線（仙台—山形間）の仙台—作並間で試験運転が始まりました。

たように昔は水銀整流器が使用されたようですが、**シリコン整流器**が発明されてからはパワー半導体の時代になりました。これは1960年代には**シリコンサイリスタ**が使用され、1970年代にはスイッチオフもできる**GTOサイリスタ**が登場したことによります。

▶▶ 実際の電力変換

　ただ、実際の電車や電気機関車で実際にどんな電力変換が必要になるかというと複雑になるので、この本では新幹線を例に取ります。

　新幹線は交流電化で25000Vです。モータは100系では直流モータ（230kW、800kg）でしたが、300系以降では交流モータ（300kW、375kg）になっています。交流モータの方が軽くても電力が出せることがわかると思います。交流電化で直流モータなら整流器が必要であることはわかると思いますが、交流電化で交流モータの場合には次に述べるように電圧変換や周波数変換を行ないます。電車に興味のない方は100系とか300系とかN700系とか不案内だと思いますが、この順に新しくなっているとご理解下さい。

▶▶ N700系にはIGBT

　交流電化で交流モータを使用する場合ですが、図表3-3-1に示すように変電所で降圧して架線に送られた交流は電車内で更に変圧され、この後、三相インバータで交流誘導モータの回転速度を制御します。一台のインバータで複数のモータを動かす仕組みです。

　この方式は**VVVF**（variable voltage variable frequency）方式と呼ばれ、**可変電圧可変周波数型**ともいわれます。図表3-3-2に示すように交流の電圧と周波数を右側から左側にインバータで変換して、誘導モータの回転を変え、速度制御するタイプです。このインバータによる速度制御は90年代中頃からはIGBTが使用されています。例えば、東海道新幹線でも300系まではGTOサイリスタが使用されていましたが、現在主流のN700系以降はIGBTが活躍しています。

　図表3-3-1は模式的に描いたもので、もちろん、これらパワーエレクトロニクス装置は車体の下に収納されています。余談になりますが、これらの取り付けは反転艤装といい、車体を反転させた状態で行ないます。筆者は偶然ですが、車両工場で見

せていただく機会がありましたので紹介しておきます。

　余談ついでに、識者によりますと電車が走り出す時の"ピー！"という耳障りな音はインバータのスイッチング音だそうです。今度電車に乗る時に耳を澄ませて聴いてみて下さい。新幹線でなくても、例えば小田急でもGTOサイリスタとIGBTではだいぶ音が違うそうですので、今度乗った時、確かめてみて下さい。

電車とパワー半導体の模式図（図表3-3-1）

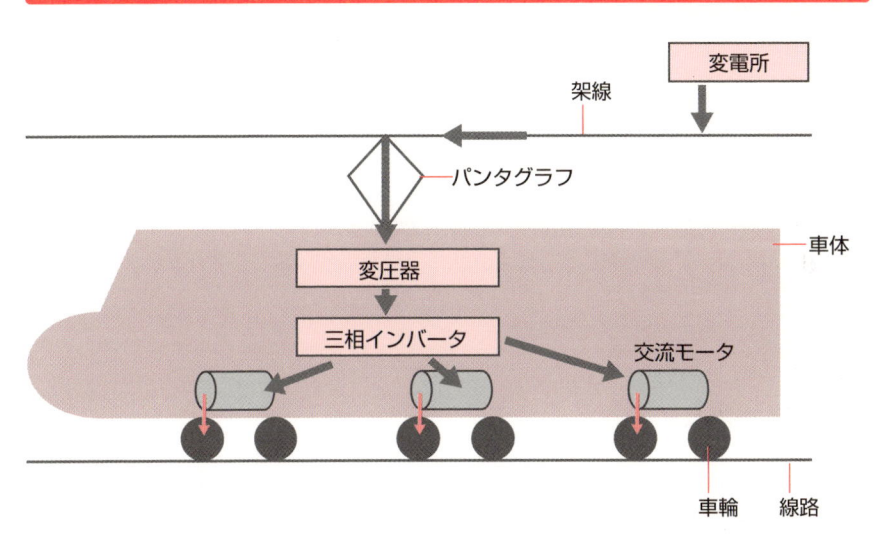

VVVF方式の概要（図表3-3-2）

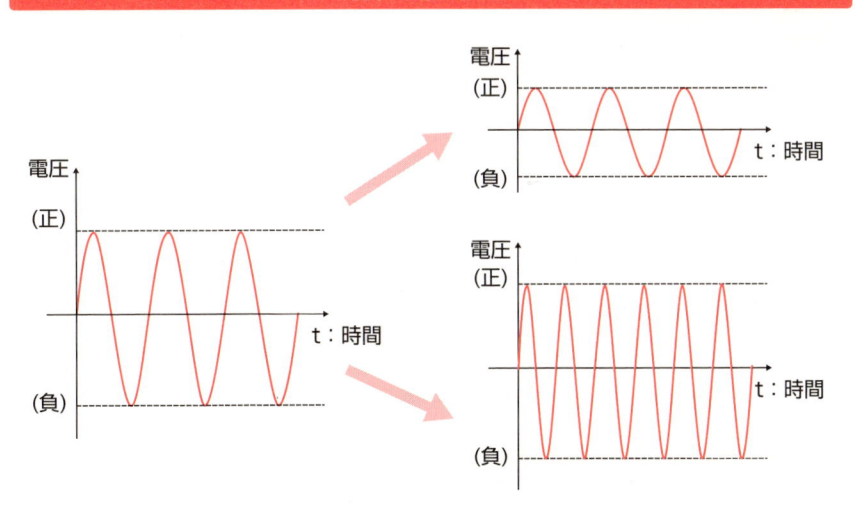

3-3　交通インフラとパワー半導体

なお、ここでは紙面の都合上、速度制御系の電力変換を説明しました。電車でもそれ以外に電力を使うものとして、エアコン、コンプレッサーなどの三相交流を使うもの、ヒータや照明のように単相交流を用いるもの、バッテリーのように直流電源を用いるものなど様々あります。このため、これ以外の電力変換を行なうパワー半導体も多く使用されています。このうち、バッテリーを用いる電源は次の自動車用のパワー半導体を参考にして下さい。

▶▶ ハイブリッド列車の登場

3-4でハイブリッド自動車へのパワー半導体の応用を記しますが、その前にハイブリッド列車が登場したことを紹介しておきます。これはJR東日本が小海線（山梨県小淵沢－長野県小諸）に登場させたキハE200型のことで、同社によると世界初の営業運転だそうです。鉄道ファンならご存知だと思いますが、キハというのはディーゼルエンジンで走る車両のことで、ハイブリッド化により、キハEとしたと推測しています。

その仕組みはディーゼルエンジンで発電した電気を前記のようなメカニズムで誘導モータの回転制御を行うものです。図表3-3-3にはハイブリッド列車の写真を示しました。NHKの"小さな旅"でも取り上げられていました。沿線には八ヶ岳や清里もあり、ご興味のある方は乗ってみてはいかがでしょうか？　ただ、同線の全部がハイブリッド車両ではないのでご注意下さい。

ハイブリッド列車（図表3-3-3）

3-4 自動車用パワー半導体

次は自動車などの交通インフラとパワー半導体の関係を探ります。自動車では電車で要求される電力変換とは別の電力変換が求められます。

▶▶ 電気自動車の登場とパワー半導体

前節でも触れたように、現在のCO_2排出量のうち、20％ほどを運輸関係で占めているというデータがあり、これは自動車の排気によるものが多いとされています。自動車の方も**ハイブリッドカー**（**HV**：Hybrid Vehicle）や**電気自動車**（**EV**：Electric Vehicle）への移行が始まっています。読者の方でもHVに乗り換えたという方もおられると思います。図表3-4-1はハイブリッドカーの写真です。

現在の自動車は電子制御が進み、多くの車載用の半導体が使用されております。ここでは、それとは別に電気自動車とパワー半導体に視点を絞って述べます。特に前述のように環境問題への対策として、ハイブリッドカー（以下、HV）が実用化されて久しく、また、最近は電気自動車（以下、EV）が一部実用化が試みられています。これらにはパワー半導体が欠かせません。ご存知のようにHVは従来の化石燃料のエンジンと電気で動くモータを併用するもので、初動をエンジンで行ない、安定走行でモータに切り替えるなど、色々環境負荷低減の方法が提案されており、バッテリーの充電の方式なども色々提案されています。図表3-4-2にHVのシステムの例を示します。

トヨタ自動車が開発したHV「プリウス」（図表3-4-1）

©Mytho88

HV車とパワー半導体（図表3-4-2）

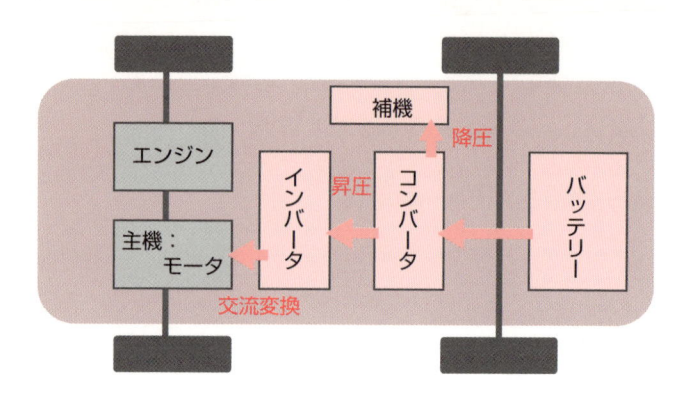

```
       補機
        ↕ 降圧
エンジン   コンバータ ← バッテリー
        ↑ 昇圧
主機：  ← インバータ
モータ
  交流変換
```

出典：種々の資料より作成

　また、EVは完全にバッテリーによるモータ駆動で走行するものであり、ガソリンフリーになるというメリットがあります。HVでもモータの寄与の割合によりソフトHVからフルHVなどがあり、詳細に入ると本論から外れますので、ここでは自動車を駆動させるためのパワー半導体について触れます。

▶▶ パワー半導体の役割

　もともと自動車の電装系はバッテリーで補っていたわけですが、EVやHVでは電源系（電池使用）からモータに電力を供給する走行系の高い電圧とそれ以外の電装系の低い電圧が必要ですので、**昇圧・降圧回路**が必要です。自動車業界では走行系の機器を"主機"、それ以外を"補機"と呼びます。即ち、HVでもEVでも走行するのはモータですので、モータが主機、パワーウィンドウやパワーステアリング（14V）を補機系として、バッテリーから降圧して供給します。つまり、車載用パワー半導体はバッテリー電圧の昇圧、降圧回路に用いられるということです。それを図表3-4-3に示します。

　図表3-4-2を見ながら読んでもらえればよいと思いますが、現行のフルHV車であるプリウスの例でいえば、201.6Vのニッケル-水素電池を最大650Vまで昇圧し、インバータで三相交流に変換してモータを駆動しています。つまり、パワー半

導体は昇圧コンバータと交流から直流の変換のインバータに使用されています。また、補機の14Vは降圧コンバータで行ないます。前述のインバータは現在はシリコンの縦型IGBTが使用されています。これを更にSiCやGaNに替えていこうという計画があります。

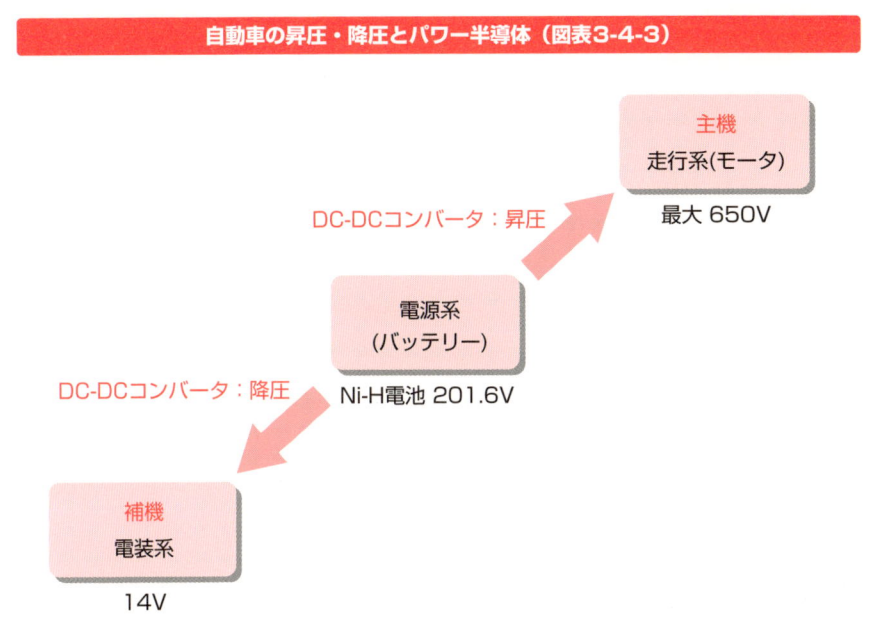

自動車の昇圧・降圧とパワー半導体（図表3-4-3）

DC-DCコンバータ：昇圧 → 主機 走行系(モータ) 最大 650V

電源系（バッテリー） Ni-H電池 201.6V

DC-DCコンバータ：降圧 → 補機 電装系 14V

▶▶ 降圧・昇圧とは

　昇圧や降圧はあまり聴いたことがないかもしれませんので、ここで説明しておきます。これを行なうのは直流チョッパー方式といわれる方式です。詳しい原理は少し難しい話になりますので、回路構成も含め、7-3で触れたいと思いますが、直流を一旦パルス化して、トータルの電圧を下げる方法です。

　交流の場合は変圧器（トランス：transformer）で電圧の昇降圧を行なえば良いわけですが、直流の場合はこのチョッパー方式が使用されます。

3-5
情報・通信にも欠かせないパワー半導体

現在のIT時代にもパワー半導体は欠かせません。ここではオフィスに目を転じて、情報・通信とOA機器とパワー半導体の関係を探ります。

▶▶ IT時代とパワー半導体

　ITとパワー半導体？　電力の変換がその仕事であるパワー半導体と情報を扱うITと何が関係するのかと思われる方もいるかも知れません。しかし、例えば、オフィスでも官公庁でも工場でも情報は電子データで管理され、ネットワークでつながっており、突然停電が来たらどうでしょう。医療機関や銀行などのオンラインシステム、交通管制システムなどを想像するとその深刻さが良くわかると思います。このため、商用電源とは異なる**無停電電源**（**UPS**：uninterruptible power supply）に情報機器が接続されているのです。一般にオフィスなどで使用される方式は**定電圧定周波数方式**で**CVCF**（constant voltage constant frequency）方式ともいわれています。ここでもインバータが活躍します。

　具体的に説明してゆきますが、オフィスをイメージして見て下さい。オフィスの机にはパソコンが並び、画面に向かって仕事をしているという見慣れた風景です。また、コピー機やサーバーなどのOA機器なしに日常のビジネスは成り立ちません。これらの機器は停電などで、急に電源が切れるとデータが消失してしまう恐れがあり、前述のUPS電源を接続することで対策を行います。図表3-5-1にその例を示します。これは常時インバータ給電式といわれるもので、通常時は商用電源の交流を整流器で直流に変え、バッテリーを充電しつつ、図には示していませんが、バイパスを経由してPCに供給します。もちろん、PC側のアダプターで適正な直流電圧にしているわけです。

　一方、停電時は商用電源が切れますので、図表3-5-1に破線で示すようにバッテリーからの給電に切り替わるわけです。この場合、コンバータで昇圧して、その後、インバータで交流化して商用電源と同じ交流にしています。

▶▶ 実際の動作

　このインバータ動作は3-4で説明した電圧の降圧、昇圧を行ないます。以前はサイリスタやGTOサイリスタで高速スイッチングを行なっていましたが、最近はIBGT装備のものも出ています。UPS電源は専業の電源メーカが市場を形成しています。第8章で触れるような再生可能なエネルギー源を電源として生かすためのパワーコンディショナーの製造メーカと同じメーカが参入しているケースもあります。図表3-5-2にUPS電源の例とその回路構成を参考までに載せてみました。図の一番上の線がバイパスになることはいうまでもありません。

UPS電源の仕組み（図表3-5-1）

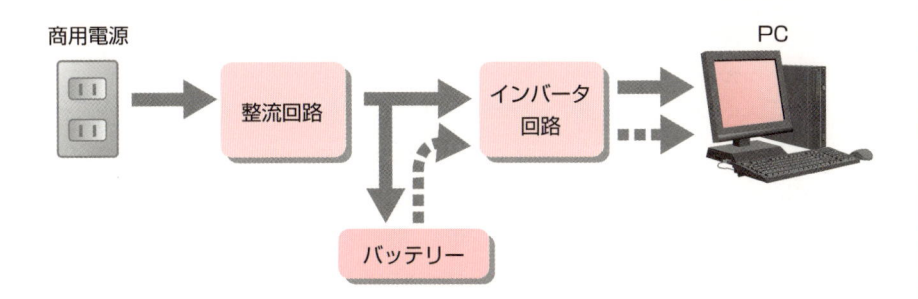

UPS電源の例（常時インバータ方式）（図表3-5-2）

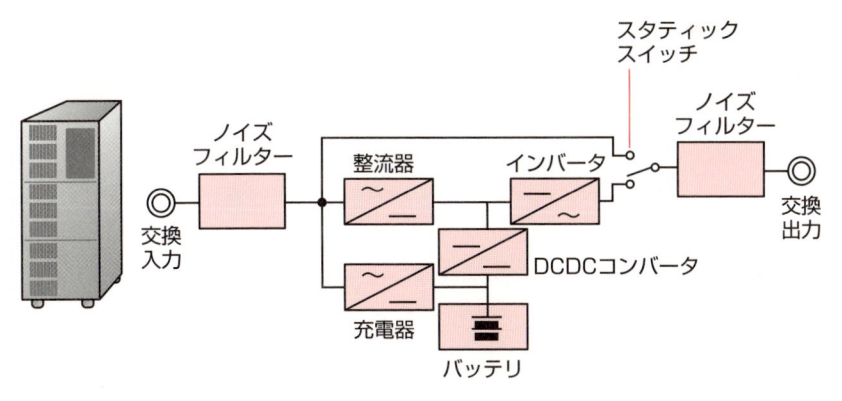

出典：YAMABISHIホームページを元に作成

3-6
家電とパワー半導体

ここでは家電機器とパワー半導体の関係を探ります。その代表例として、IH調理器と蛍光灯を紹介しましょう。

▶▶ IH調理器とは？

　家庭用のエアコンのインバータ制御や冷蔵庫、洗濯機にもインバータ制御が使用されていることはよく知られています。ここで使用されるインバータはコンプレッサーやモータの制御に使用されるインバータであり、3-3で紹介した新幹線などのモータ制御と同じ働きです。この節ではインバータの少し違う働きを紹介したいと思います。

　読者の中には使っておられる方もいるかと思いますが、エコ時代の調理器として注目されているのがIH調理器です。**IH**とはInduction Heatingの略で強いて訳せば、誘導加熱とでもいうのでしょうか？ 電磁調理器などという場合もあります。IH調理器はIHコイルに電流を流すことで、渦電流を発生させ、鍋やフライパンの底面にジュール熱を発生させ、調理を行なうものです。鍋やフライパンが直接熱を発生させるので、火を使用しないため安全であり、熱の殆どが調理に使用されることになるので経済的でもあり、注目されています。上記のような安全上の理由から高層マンションなどでは標準装備のようになっています。

　図表3-6-1にはIH調理テーブルの例を挙げておきました。

IHクッキングヒーター（パナソニック）（図表3-6-1）

©Panasonic Corporation 2011

3-6 家電とパワー半導体

渦電流（英語ではeddy current）ですが、渦電流をFoucalt（フーコー）電流という場合もあります。なお、Foucalt*は人名で、この渦電流の発見者です。

▶▶ パワー半導体はどこに使用される？

IT調理器とパワー半導体？　少し腑に落ちない方もいるかも知れません。IT調理器にもパワー半導体が必要なわけは、上記の渦電流の説明でも出てきましたが、電磁誘導の際にインバータで家庭の電気（交流50Hzまたは60Hz）を数十kHzの交流電流に変換する必要があるからです。つまり、インバータによる**周波数変換**です。渦電流や電磁誘導についての詳しい説明は、電磁気学の教科書がお手元にあれば載っていますのでご覧下さい。

▶▶ 蛍光灯とパワー半導体

同じような働きをするのが蛍光灯の放電を行なうインバータの働きです。昔の蛍光灯はスイッチを入れてから点灯するまで時間がかかりました。これはグロースターターといい、先にグロー管（点灯管）を点灯させる方式を採用していますが、交流の50Hzや60Hzでは周波数が低いため、蛍光灯に入っているガスを放電させるまでに時間がかかるためです。そこでインバータで電流の周波数を数10kHzにしてやることで点灯しやすくなります。これもIH調理器と同じようにインバータによる交流の周波数変換です。

▶▶ LED照明とパワー半導体

今、省エネ照明として注目を集めている**LED**（Light Emission Diode）照明の場合はどうでしょうか？　この場合は整流器で家庭用の交流を直流に変換し、LEDに必要な電圧に降圧チョッパーで変換してLEDを発光させますので、ここでもパワー半導体が必要ということになります。チョッパーによる昇圧・降圧については前述のように7-3でその原理に触れます。

なお、このLEDの発光の原理は半導体デバイスのpn接合を利用するものですので、簡単に説明しておきます。図表3-6-2に示すように半導体のpn接合に電流を流して、電子と正孔が接合部で再結合することにより発光させるものです。直接、電気を光に変えるために変換効率が良く、低電圧、小電力の直流駆動であり、赤外線

＊**Foucalt**　レオン・フーコー（1819〜1868）。フランスの物理学者。コリオリの力を利用したフーコーの振り子で有名です。これを利用してジャイロスコープも発明しました。

3-6 家電とパワー半導体

や紫外線の発光も少なく、小型化や外置きに不可欠な防水構造が容易ということも特徴です。また、低温でも発光効率低下が少ないというのも大きな特徴です。2-1で述べた整流ダイオードの場合はこのpn接合でキャリアの流れを抑制することで整流作用を起こしていましたが、LEDの場合はキャリアをpn接合の両端から注入して、接合部で再結合させることで発光させているわけです。半導体デバイスの面白さを理解してもらうために少し説明しました。ついでにいえば、LEDという光半導体を生かすべく、パワー半導体が使用されていることになります。半導体の色々な役割を理解する上でも面白いと思います。

LEDの発光原理の模式図（図表3-6-2）

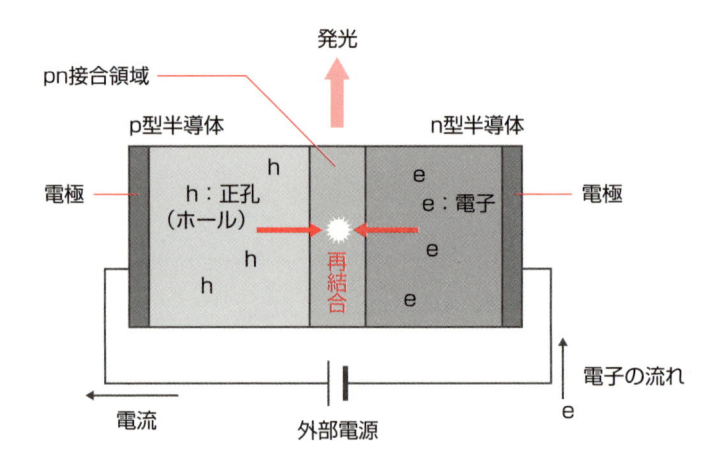

```
         発光
          ↑
pn接合領域
   p型半導体  │  n型半導体
電極─┤  h      │  e:電子  ├─電極
     │ h:正孔  │   e      │
     │ (ホール)│→ ● ←  e│
     │   h     │再  e     │
     │   h     │結        │
     │         │合  e     │
     └─────┴─────┘
       │        ║        │
   ←電流    外部電源    電子の流れ→
                           e↑
```

第4章

パワー半導体の分類

この章では今まで述べてきたパワー半導体を一度広く俯瞰する意味で色々な分類をしてみました。パワー半導体の雑知識のようなものも入れました。

図解入門
How-nual

4-1 用途で分類したパワー半導体

　いままでパワー半導体の種類や動作原理、応用市場などを見てきました。第3章で見てきたように応用範囲の広いパワー半導体では、いままで述べてきたように色々な用語が飛び交います。この章ではそれらを整理する意味で色々な分類を行なってみたいと思います。また、パワー半導体の性能の目安にも触れてゆきたいと思います。
　その前にまずはもう一度パワー半導体なるものを振り返っておきましょう。

▶▶ パワー半導体は無接点スイッチ

　もう一度、パワー半導体について認識を確認しましょう。パワー半導体は機械式スイッチでは達成できない高速スイッチングを可能とし、それにより"電力の変換"を行なうデバイスです。もう少し半導体デバイスとして掘り下げると"小さな電流・電圧により、高速度で大きなオン電流（負荷電流）をオン・オフ動作させることができるもの"といえます。これを模式的に描くと図表4-1-1に示すようになります。

パワー半導体の役割（図表4-1-1）

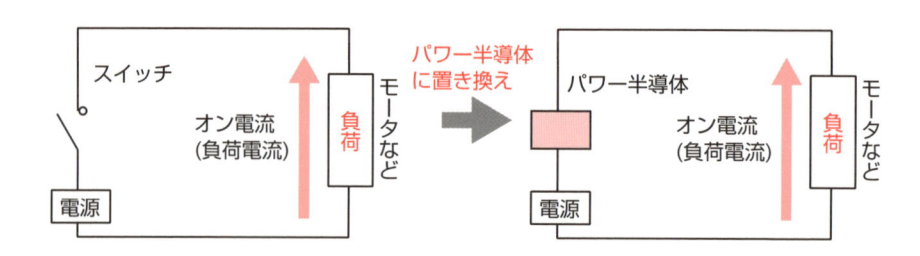

　更にその役割を広く見ると半導体デバイスですので、機械的な消耗がなく半永久的に動作し、電力損失が小さく、高速でオン・オフする電子スイッチであって、自身で電気エネルギーを蓄積することは不可能であるといえます。負荷を動作させるには図表4-1-1には描き切れませんが、制御回路、電力変換回路、保護回路、冷却機能などが必要になります。例えば、2-2で少し触れましたが、サイリスタではオンからオフにするには転流回路という複雑な制御回路が必要になります。これらを

まとめて"**パワーエレクトロニクス**"という概念でくくります。また、これらをすべて収納した装置を"**電力変換装置**"といいます。この本ではパワー半導体自体を中心に解説しますので、これらすべてについては一部触れるだけです。パワーエレクトロニクス全体は更にその分野の本をご覧下さい。

▶▶ パワー半導体の広い用途

　まずは用途別に見た分類です。パワー半導体の応用範囲は第3章で見たとおりです。ここでは応用分野別の見方でなく、違う見方で見てみましょう。それは負荷が駆動部を有するか、そうでないかという見方です。駆動部を有するものの代表は何でしょうか？　そうです。モータです。では駆動部を有しないものの代表は何でしょうか？　それは第3章で触れたUPSなどの電源、更に第8章で触れる予定の太陽電池などの再生可能なエネルギーを主とする電源や従来型の交流電源・直流電源などです。それを図表4-1-2にまとめてみました。第3章で少し触れましたが、駆動部を有するものはそれをいわゆる誘導モータ（交流）の速度調整などに用いますのでインバータ動作が主です。一方、電源系では降圧・昇圧を行なうコンバータ動作が主になります。このようにパワー半導体も色々あります。

駆動部を有するものとそうでないものでの区分（図表4-1-2）

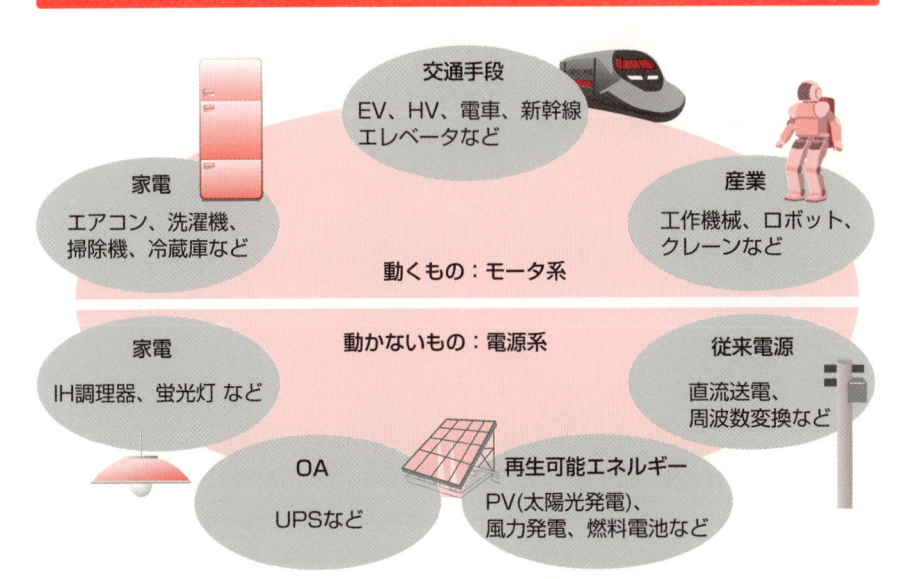

動くもの：モータ系

- 家電：エアコン、洗濯機、掃除機、冷蔵庫など
- 交通手段：EV、HV、電車、新幹線、エレベータなど
- 産業：工作機械、ロボット、クレーンなど

動かないもの：電源系

- 家電：IH調理器、蛍光灯 など
- OA：UPSなど
- 再生可能エネルギー：PV（太陽光発電）、風力発電、燃料電池など
- 従来電源：直流送電、周波数変換など

4-2
材料で分類したパワー半導体

パワー半導体ではシリコンだけでなく、性能向上の面から色々な材料を用いるようになりました。ここでは材料別に見た分類を行ないたいと思います。

▶▶ パワー半導体と基板材料

　パワー半導体では基板の物性がストレートにデバイス特性に効いてくるケースがほとんどです。というのもLSIのように無数のトランジスタの集積で性能を発揮するというよりはダイオード、トランジスタ、サイリスタといった素子レベルでの性能が効いてくるからです。

　大胆なたとえですが、スポーツ競技でいえば、LSIは団体競技、パワー半導体は個人競技に似た面があります。LSIは素子のデザイン、回路設計や回路の組合せなどでの性能向上も見込めます。例えば、野球やサッカーなどでは、スコアラーやその情報の分析、チームサポート体制の充実も勝利の要因として効いてきます。それに比較するとパワー半導体はそれ自体で性能を極めてゆく必要があります。例えば格闘技のようなものです。そのために色々な肉体改造もしなければならないというのと同じようなものです。それがパワー半導体は"材料が命"であるということです。これから、第5章から第7章を読み進めるとなるほどと肯くところもあると思います。したがって、LSIとは異なる材料やそれに対する仕様があります。

　個々の材料についての説明は第5章でしますが、パワー半導体で使用される材料は現行シリコンがメインで、シリコンの化合物であるSiC（炭化珪素）の実用化が普及しつつあり、GaN（窒化ガリウム）が実用化を目指して研究開発されています。GaNはGa（ガリウム）がⅢ族の元素で、N（窒素）がⅤ族の元素であることから**Ⅲ-Ⅴ族の化合物半導体**といわれています。対してSiCはⅣ族どうしの化合物半導体といえます。つまり、単元素系か否かで半導体材料を分類するとシリコンとSiCは別の分類になります。

　しかし、シリコン系かそうでないかという分類では、シリコンとSiCは同じⅣ族の半導体としてⅢ-Ⅴ族と分けられるため、この分類ではシリコンとSiCは同じ仲間になります。これを図表4-2-1にまとめてみました。この本では図表4-2-1の(a)

4-2 材料で分類したパワー半導体

の分類で以下述べてゆきます。一方でLSIでは基板材料はシリコンであることには変わりありません。

材料で分類したパワー半導体（図表4-2-1）

(a) 単元素か化合物かの分類

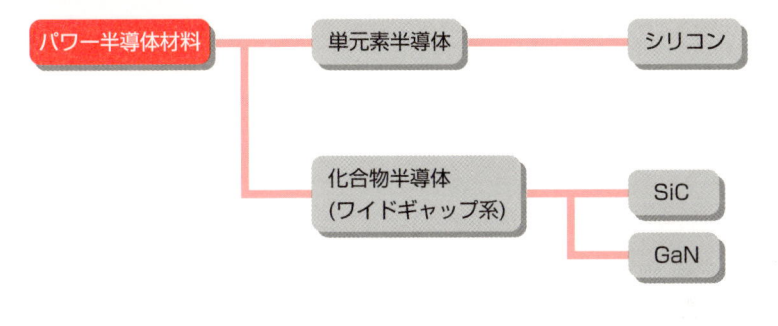

パワー半導体材料
- 単元素半導体 — シリコン
- 化合物半導体（ワイドギャップ系）
  - SiC
  - GaN

(b) シリコン系か否かで分類

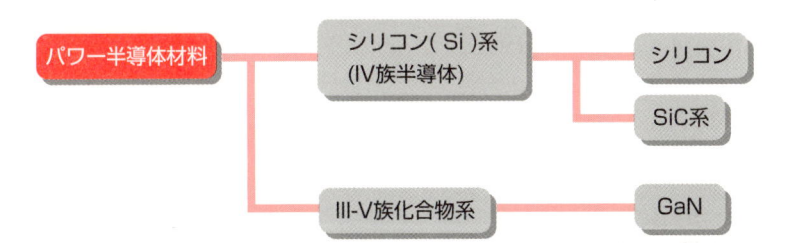

パワー半導体材料
- シリコン(Si)系（IV族半導体）
  - シリコン
  - SiC系
- III-V族化合物系
  - GaN

▶▶ ワイドギャップ半導体の必要性

　なにゆえ、SiCやGaNが求められるでしょうか？　少し難しい話になりますが、固体物性的には耐圧は何で決まるのでしょうか？　絶縁物ならその厚さを厚くすればよいことは身の回りを見てもわかると思います。しかし、パワー半導体は電気を流したり、切ったりするスイッチの役割をするということを今まで述べてきました。すなわち問題はスイッチとしての耐圧であるといえます。半導体は導体になったり、絶縁体になったりすると第1章で学びました。この時、パワー半導体の種類に関わらず、スイッチの役割をするのは、今まで見てきたようにpn接合です。このpn接合に

4-2 材料で分類したパワー半導体

は電気を運ぶ役割をするキャリア（電子と正孔です）の濃度が少ない部分があります。それを**空乏層**（英語でdepletion layer）といい、pn接合の近傍では両方（p型の正孔とn型の電子）のキャリアがお互いに拡散して再結合により消滅して形成されます。この空乏層にかかる電圧が耐圧に効いていると考えられます。空乏層の耐圧は半導体の**バンドギャップ**（禁制帯）の大きさに比例してきます。したがって、バンドギャップの大きい半導体、即ち、**ワイドギャップ半導体**が必要になってくるわけです。シリコンのようにバンドギャップが1.1eVの材料では耐圧が今後の応用に対して十分とはいえません。そこで、SiCやGaNなどのような材料が必要になってくるわけです。

それを図表4-2-2にまとめてみました。

固体物性的に見たpn接合の耐圧（図表4-2-2）

(a) pn接合が形成された瞬間

(注：実際には瞬間的に(b)になる)

pn接合

| n型 | p型 |

(a) 熱平衡状態のpn接合

空乏層が形成される

空乏層

| n型 | p型 |

耐圧はpn接合で決まる一面がある。

4-3 構造・原理で分類したパワー半導体

　第2章と重複する部分もあるかと思いますが、より整理しておく意味で構造・機能別に見た分類をしてみたいと思います。少し形式的な話と感じられるかもしれませんが、きちんと押さえて本質に迫りたいところです。

▶▶ キャリアの種類の数での分類

　まずは大きく分けてバイポーラ系のものとMOS系で分類されます。第1章でも触れましたが、電気を運ぶ**キャリア**（carrier；キャリアバッグのキャリアなどと同じ語。）の極性は正と負のふたつがあります。バイポーラトランジスタでは負電荷の電子と正電荷の正孔の両方のキャリアを使用するので、こう呼ばれます。対して、パワーMOS FETでは電子しか用いません*ので、**ユニポーラ型**ともいいます。しかし、この用語はあくまで**バイポーラ型**に対しての比較に用いられるようで、通常は**MOS型**といわれます。ここではわかりやすさを優先して図表4-3-1のように分類します。ダイオードの場合は、ここではユニポーラ型に入れておきます。IGBTの場合はMOSFETの動作とバイポーラトランジスタの動作を利用するので難しいところですが、ここではバイポーラ型に含めておきます。

キャリアの種類の数で分類したパワー半導体（図表4-3-1）

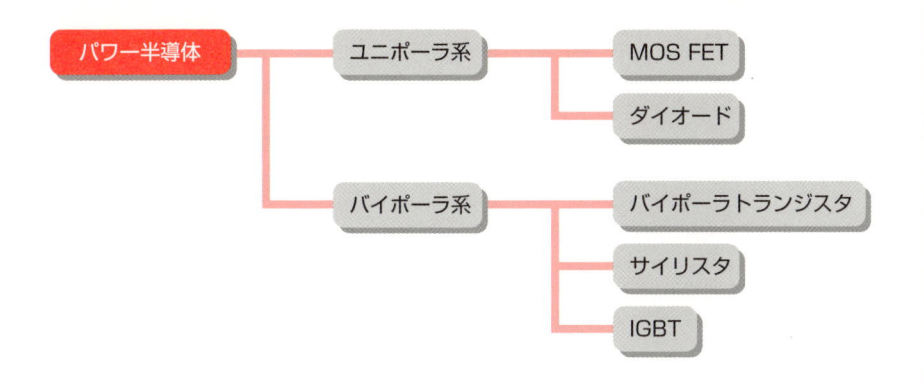

```
パワー半導体 ─┬─ ユニポーラ系 ─┬─ MOS FET
              │                 └─ ダイオード
              │
              └─ バイポーラ系 ─┬─ バイポーラトランジスタ
                                ├─ サイリスタ
                                └─ IGBT
```

＊…電子しか用いません　パワーMOSFETでは高速性や駆動性を重視しますので、いわゆる移動度が高い電子をキャリアとして用いるnチャネルトランジスタしか用いません。MOSトランジスタには正孔をキャリアとして用いるpチャネルトランジスタもあります。LSIでは両方用います。

4-3 構造・原理で分類したパワー半導体

▶▶ 接合の数での分類

　まずは大きく分けてバイポーラ系のものとMOSFET系で分類し、その中で接合の数で分類するのがわかりやすいと思います。

　ひとつの接合しかないのがpn接合ダイオードです。バイポーラトランジスタとMOSFETの接合は少し意味が違う接合の構造（接合の重ね合わせがないという意味です。それを図表4-3-2に示します）ですが、ここでは二接合のデバイスに分類しておきます。IGBTの場合、本質は2-5で説明したようにバイポーラトランジスタとMOSFETの組合せなので、ここでは多接合のデバイスに分類しておきます。サイリスタは第1章で説明したように三接合のデバイスです。接合の数が多いほど、色々な複雑なスイッチング作用ができることは今までの話でも理解できると思います。ただ、その分、外部の制御回路が必要になる場合もあります。2-1でダイオードを用いた整流作用を説明しましたが、ダイオードの場合は特に制御回路を入れなくても電流の向きでオン・オフします。これを"**非可制御素子**"といいます。対しまして、サイリスタやトランジスタのように外部回路で制御するものを"**可制御素子**"といいます。今まで述べたことを図表4-3-3にまとめておきます。

バイポーラ型とMOS型の接合の比較（図表4-3-2）

(a) pn接合の模式図

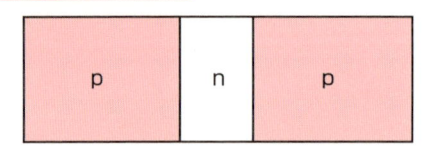

| p | n | p |

(b) バイポーラトランジスタの接合
　エミッタ　ベース　コレクタ

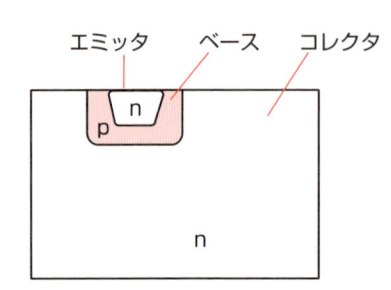

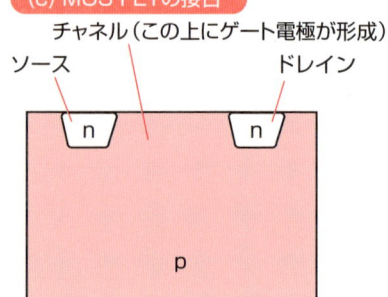

(c) MOS FETの接合
　チャネル（この上にゲート電極が形成）
　ソース　　　　　　　　　　　　　ドレイン

4-3 構造・原理で分類したパワー半導体

　なお、図表4-3-2に戻って説明しておきますと、前述のようにバイポーラトランジスタとMOSFETの接合は少し意味が違う接合の構造になっています。これはどういう意味かといいますと、両方ともモデル的に描くと図表4-3-2(a)のように描きます（図はバイポーラトランジスタの例。MOSFETの場合はpとnが入替っています。第2章参照）が実際のバイポーラトランジスタの場合には、図の(b)に示すようにn型の中にp型との接合面があり、更にそのP型の中に別のn型との接合面があります。これを接合の重ね合わせといいます。

　それに対して、MOSFETの場合は、p型の中に2つのn型との接合面がありますが、いわゆるバイポーラトランジスタのような接合の重ね合わせはありません。これがバイポーラトランジスタとMOSFETの接合の形成のされ方の違いです。特に(b)のバイポーラトランジスタのベース層は、図ではわかりやすくするために、ある程度の厚さで描かれていますが、実際は比較的薄い領域です。

接合の数で分類したパワー半導体（図表4-3-3）

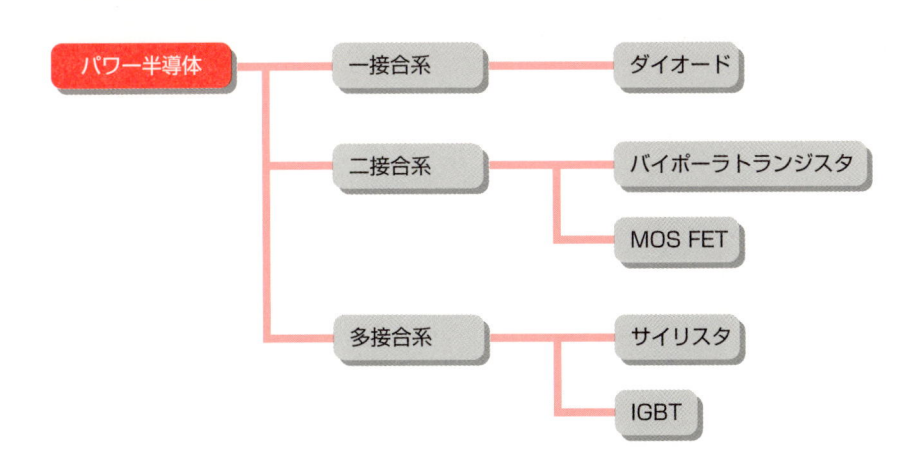

```
パワー半導体 ┬ 一接合系 ── ダイオード
             │
             ├ 二接合系 ┬ バイポーラトランジスタ
             │          └ MOS FET
             │
             └ 多接合系 ┬ サイリスタ
                        └ IGBT
```

端子数や構造での分類

　外部端子の数での分類もあります。例えば、ダイオードですと二端子デバイスになります。推測が付くと思いますが、pn接合の数が増えるほど端子の数が増えてゆきます。しかし、デバイスの制御上、多くても三端子のデバイスにしています。例えば、サイリスタは三接合デバイスですが、三端子デバイスですし、IGBTも三端子デバイスです。それを図表4-3-4に示しておきます。

端子の数で分類したパワー半導体（図表4-3-4）

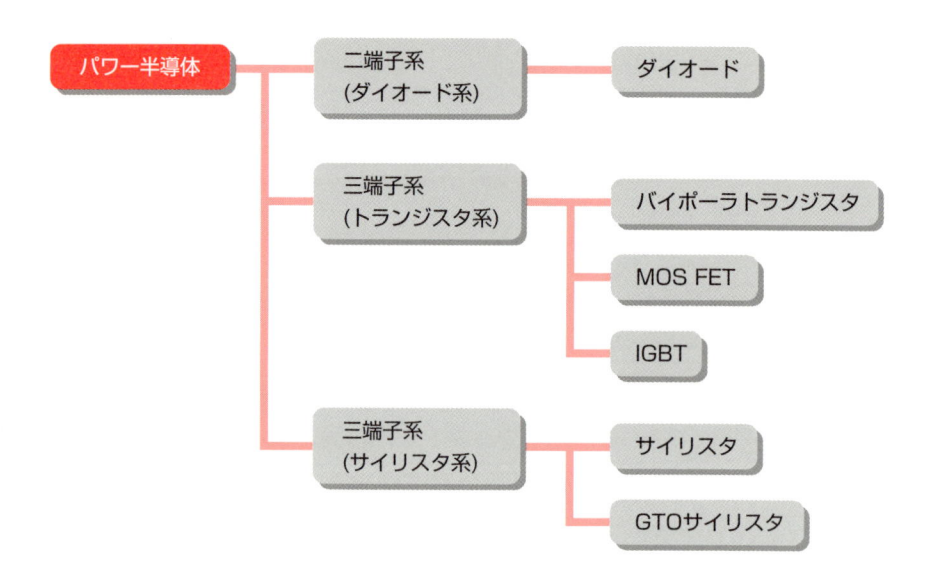

- パワー半導体
  - 二端子系（ダイオード系）
    - ダイオード
  - 三端子系（トランジスタ系）
    - バイポーラトランジスタ
    - MOS FET
    - IGBT
  - 三端子系（サイリスタ系）
    - サイリスタ
    - GTOサイリスタ

4-4

大容量から小容量までのパワー半導体

　この節では他の章に入らないような内容を書いておきたいと思います。パワー半導体の雑学一覧として気楽に読んで下さい。

▶▶ パワー半導体の定格とは？

　パワー半導体は電力変換用の半導体であると説明してきました。場合によっては、高電圧が印加され、大電流を制御するデバイスになります。ご存知のように、電力＝電流×電圧です。数式では電力（P）と電流（I）、電圧（V）の関係は

$$P = I \times V$$

になります。そこで、パワー半導体で電力変換する際に、どれくらいの電流が流せるかということとどれくらいの電圧まで印加できるかが鍵になります。そこでパワー半導体の場合は**"定格"**ということで、必ずカタログなどに書いてあります。図表4-4-1にIGBTの例を示しておきますが、通常カタログの一番はじめのほうに最大流せるコレクタ電流I_cとコレクターエミッタ間に印加できる電圧V_{ces}（Sは飽和を意味するsaturationの略）として出ています。ここでは例としてI_cとV_{ces}を挙げましたが、他にもいろいろな数値が出てきます。ぜひ、パワー半導体のカタログをご覧になって下さい。もちろん、この範囲内が安全に動作可能な領域ということになります。

　通常は220V電源や440V電源に対応できる600Vや1200Vが一般的な定格です。もちろん鉄道や送電の変電所など扱う電圧の高いものは更に大きくなります。電流はここでは100Aの例を示しましたが、1kA以上のものまで色々な定格電流があります。

▶▶ パワー半導体の電流容量と耐圧

　このように電源の**標準電圧**は決まっています。図表4-4-2には我が国での**JEC**＊で定めている電源電圧の標準を示しました。当然、大電圧向けのパワー半導体はそ

＊**JEC**　社団法人電気学会の電気規格調査会の英語表記。Japanese Electrotechnical Committeeの略。種々の標準規格を決めています。国際規格はIECとなります。Iはもちろん Internationalの略です。

4-4 大容量から小容量までのパワー半導体

れだけの耐圧が必要になるということです。これも頭に入れておくと第3章や第8章で扱うパワー半導体の応用が実感できると思います。JECでは色々な規格がありますので、ご興味のある方はJECのホームページをご覧下さい。

パワー半導体の定格の例（図表4-4-1）

記号	項目	条件	定格値	単位
I_c	コレクタ電流	測定時の温度やパルス条件など	100	A
V_{ces}	コレクターエミッタ間電圧	測定条件など　例 G-E間短絡[注]	600	V

注）Gはゲート、Eはエミッタのことです。
出典：各パワー半導体メーカのカタログを元に作成

標準電圧のJEC規格（図表4-4-2）

	種類	電圧
家庭用	単相／三相	100V、200V
小工場用	三相	200V、400V
ビル、工場用	三相	3.3kV、6.6kV
大工場、大容量設備	三相	11kV、22kV、33kV〜

出典：JEC-0102（2004）より

第5章

パワー半導体用ウェーハに切り込む

この章ではパワー半導体の基板材料になるシリコン、SiC、GaNを取り上げ、その材料としての特徴や課題、ウェーハの作製法などについてふれます。ウェーハメーカの動向にも触れました。

5-1

シリコンウェーハとは？

ここではパワー半導体で使用されるシリコン単結晶とシリコンウェーハについて説明します。シリコン以外の材料については本章の後半で触れます。

▶▶ シリコンの品質が鍵のパワー半導体

　この節ではシリコンと**シリコンウェーハ***について詳しく説明したいと思います。なぜなら、誤解を恐れずに言わせてもらえば、パワー半導体は"シリコンウェーハの品質に大きく依存する"からです。それでは先端LSIのMOSロジックやMOSメモリのシリコンウェーハの品質は問題ないのかというとそうではありません。あくまで相対的な比較ですので、留意して下さい。このことを頭に入れて以下を読んでもらいたいと思います。

　まず、シリコン（元素記号：Si）ですが、図表5-1-1の短周期律表に示すようにⅣ族の元素です。同じ仲間には炭素（元素記号：C）やゲルマニウム（元素記号：Ge）があります。

短周期律表内でのシリコン（図表5-1-1）

Ⅰ	Ⅱ	Ⅲ	Ⅳ	Ⅴ	Ⅵ	Ⅶ	Ⅷ
H							He
Li	Be	B	C	N	O	F	Ne
Na	Mg	Al	Si	P	S	Cl	Ar
K	Ca	Ga	Ge	As	Se	Br	Kr

　それではこのようなシリコン単結晶をどのようにして作るかですが、その前に原材料の話しをしたいと思います。現在は半導体の材料としてシリコンが一般的ですが、初期段階からシリコンだったわけではありません。当初は1-4に述べたようにゲルマニウムというシリコンと同じⅣ族の元素が使用されていました。なぜ、シリコンに替わったのかというと簡単にいえば、シリコンは地表中に非常に多く存在す

---

* **ウェーハ**　スライスなどと呼ぶケースもあります。ハムをスライスするなどという場合と同じ語源です。このように半導体産業は米国で始まったので英語の呼称が多いです。

5-1 シリコンウェーハとは？

る元素(クラーク数*という指標があります)であり、その酸化膜が安定しているということです。

▶▶ シリコンウェーハとは？

　シリコンウェーハの形状*の写真を図表5-1-2に示します。このようにウェーハは円形です。ウェーハの口径や厚さはSEMI*の規格で決まっています。

　この本ではウェーハの口径はインチで表すことにします。本来は5インチ以上はmm単位で表すことになっているのですが、業界誌や新聞などではインチで表していることも多いので、混乱を避けるためにそのようにします。つまり、5インチは125mmウェーハに、6インチは150mmウェーハ、8インチは200mmウェーハに相当します。

　ウェーハ(英語ではwafer)の表記もいろいろですが、混乱を避けて、この本ではウェーハと書いておきます。なお、ウェーハはアイスクリームなどについている薄いビスケット状の食べ物のこともいいますね。

実際のシリコンウエーハの写真（著者による）（図表5-1-2）

シリコンウェーハ
オリフラ部
ケース

注）左側の白い部分はウェーハ表面がミラーポリッシュされているため、天井の蛍光灯が映り込んだもの。

* **クラーク数**　地表に存在する元素の割合の指標であり、シリコンは酸素に次いで二番目に多いといわれています。
* **ウェーハの形状**　シリコン半導体で使用されるものは円形です。結晶系の太陽電池では四角形や四角形の頂点を切り落とした形状が用いられる場合があります。
* **SEMI**　日本支部のホームページはwww.semi.org/jpです。

第5章　パワー半導体用ウェーハに切り込む

5-1　シリコンウェーハとは？

▶▶ まずは高純度の多結晶シリコン

　先に用語の説明をします。多結晶とはひとつの物体の中に色々な単結晶が粒界を介してつながっているものをいいます。単結晶とはもちろん、ひとつの物体が同じ方位を持った結晶で連続しているものをいいます。

　シリコンは地表に多く存在すると述べましたが、シリコンという形ではなく、珪石というシリコンの酸化物の形で存在します。なぜならば、シリコンは酸化されやすく、酸化物の方が安定に存在するからです。シリコンウェーハの製造はその珪石を採掘して、それを炭素還元して金属シリコンにし、それを精製して、シリコンの多結晶にすることから、スタートします。このシリコンの多結晶を**イレブン・ナイン**といわれる（99.999999999％と9が11桁並ぶことからそういわれます）純度の高いものにするわけです。

　図表5-1-3にシリコン多結晶の作製のフローを模式的に示します。この方法は**Siemens（ジーメンス）法**と呼ばれ、ドイツのSiemens社で開発されたものです。まず、金属シリコンを流動層反応（約300℃）を用いて、トリクロルシラン（化学式：$SiHCl_3$）というガスにして、それを蒸留塔を用いて精製します。これをSiemens炉と呼ばれる、シリコン芯（細いシリコン棒）に電気を流して加熱し多結晶シリコンを析出させる炉に入れて、水素還元を用いてトリクロルシランを多結晶シリコンに還元します。ガスにすることで、気密性の高いタンク内で不純物の混入を抑えて高純度の細いシリコン棒に時間をかけて堆積させます。この方法で高純度の多結晶シリコンロッドが得られます。

多結晶シリコンの作り方の模式図（図表5-1-3）

珪石（SiO_2） →炭素還元→ 金属シリコン →流動層反応→ シリコン系ガス →水素還元→ 多結晶シリコンロッド

注）Siemens法と言われる方法

5-2

シリコンウェーハの作製法の違い

ここから実際のシリコンウェーハの作製法について説明します。パワー半導体では一般に使用されているウェーハと異なる作製法があります。

▶▶ シリコンウェーハ作製法はふたつある

シリコン単結晶の作り方を説明します。大きく分類して**チョクラルスキー法**と**フローティングゾーン法**がありますが、現在LSIに使用されるシリコンウェーハは、ほとんど前者の方法で作製されます。

それに対して、フローティングゾーン法はパワー半導体用のウェーハに用いられます。その理由のひとつは、前者がウェーハの**大口径化**が必須で、後者はそのニーズが少ないからです。それではこのようなシリコン単結晶をどのようにして作るかですが、出発材料は5-1で説明した**高純度多結晶シリコン**です。我が国ではトクヤマが主なメーカです。

▶▶ チョクラルスキー法

チョクラルスキー（Chokoralsky）法は図表5-2-1に示しますように**結晶方位**が揃った**種結晶**を前述の高純度の多結晶シリコンを溶融させた液に浸し、種結晶と結晶方位の揃った固液界面でシリコン結晶を成長させる形で、ゆっくり引き上げながら行います。そのため、**引き上げ法**とも呼ばれます。このあとワイヤーソーでシリコンウェーハに切り出します。

シリコンそのものは**真性半導体***ですので、キャリアとなる不純物はシリコンを溶融する際に必要なだけ添加します。参考までにチョクラルスキー法によるウェーハ径の推移を図表5-2-2に示します。既に12インチウェーハが実用化され、次の16インチも議論されています。この方法は石英坩堝(るつぼ)の中に高純度多結晶シリコンを高温で溶解させますので、石英坩堝から酸素の溶出があり、微量の酸素がシリコンウェーハ中に含まれてしまいますが、半導体デバイス上問題になるレベルではありません。また、石英坩堝の大きさや回転数、引き上げ速度などの調整により、大口径化も可能になります。

---

* **真性半導体** 一定のキャリア密度を有しますが、半導体デバイスとして使用するにはキャリア密度が少ない半導体。

第5章 パワー半導体用ウェーハに切り込む

フローティングゾーン法

　一方、フローティングゾーン（Floating Zone）法はベル研で開発されたゾーンメルティング法を元に1950～60年代にかけて、Siemens社、Dow Corning社、GE社などが開発を進めてきました。これは原料の高純度多結晶シリコンを棒状にして、その先に結晶方位の揃った種結晶を付けて、その部分の多結晶ポリシリコンの一部をその外周に設けたRFコイルによる誘導過熱によって溶融し、その溶融部分を時間をかけて高純度多結晶シリコン全体にわたり、移動させて、種結晶と同じ方位の単結晶化を行う方法です。それを図表5-2-3に示します。もちろんこのあとシリコンウェーハに切り出します。

　チョクラルスキー法のように石英坩堝を使用しないので、酸素や重金属の混入が少ないのがメリットですが、推測が付くかと思いますが、RFコイルで直径方向全体に加熱するという製法上、ウェーハの大口径化には向きません。従って、CMOSやメモリー用のウェーハではなく、パワー半導体用のウェーハが主流です。前者を頭文字から**CZ法**、後者を**FZ法**と呼ぶこともあります。この本でもこの表記を用いることがあります。前述のようにGEとかSiemensとか世界的な電機メーカが、当初はシリコン単結晶の開発に当たっていました。我が国でも同じように大手電機メーカが半導体産業のさきがけになりました。FZ法について更に詳しくは次節で見てゆきましょう。

チョクラルスキー法によるシリコンウェーハの作り方の模式図（図表5-2-1）

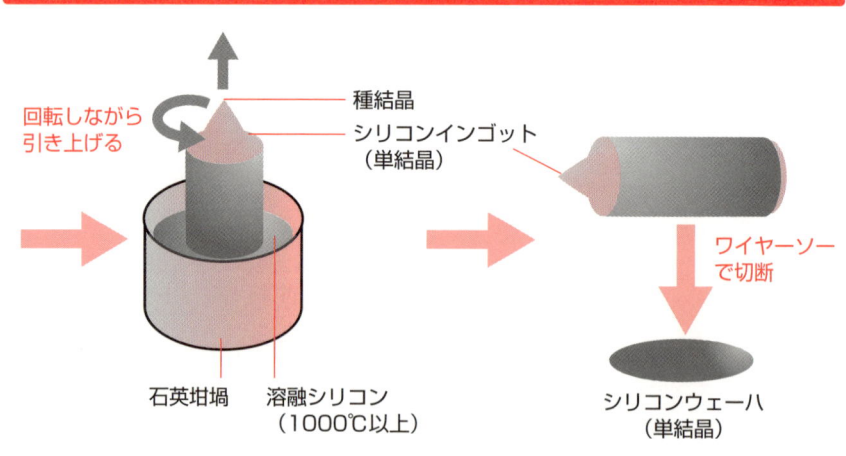

回転しながら引き上げる

種結晶
シリコンインゴット
（単結晶）

石英坩堝
溶融シリコン
（1000℃以上）

ワイヤーソーで切断

シリコンウェーハ
（単結晶）

5-2 シリコンウェーハの作製法の違い

チョクラルスキー法によるシリコンウェーハ径の変遷（図表5-2-2）

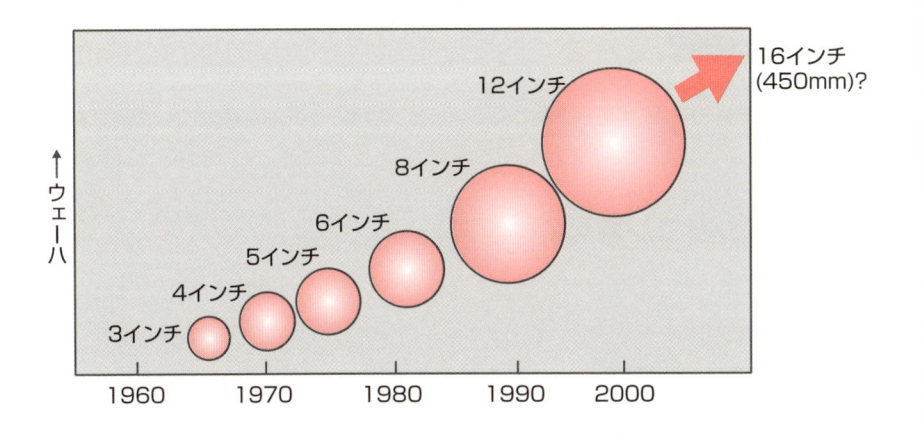

↑ウェーハ

3インチ　4インチ　5インチ　6インチ　8インチ　12インチ　16インチ(450mm)？

1960　1970　1980　1990　2000

FZ法によるシリコンウェーハの作り方の模式図（図表5-2-3）

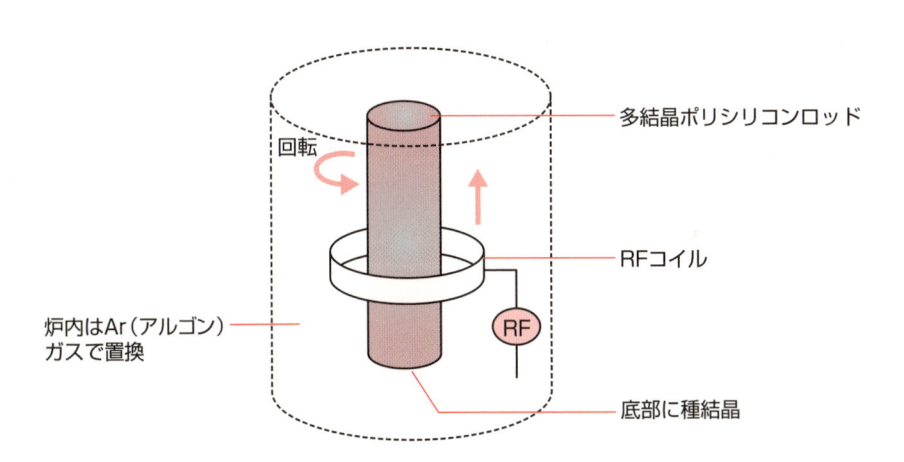

- 多結晶ポリシリコンロッド
- 回転
- RFコイル
- RF
- 炉内はAr（アルゴン）ガスで置換
- 底部に種結晶

　なお、誤解のないように記しておきますが、パワー半導体でFZウェーハの使用が多いというのはあくまで相対的に見た場合であり、パワー半導体でも低耐圧品ではCZウェーハも使用されています。

第5章　パワー半導体用ウェーハに切り込む

5-3 メモリやロジックと異なるFZ結晶

ここではフローティングゾーン法によるシリコンウェーハの作製法について更に詳しく説明します。

▶▶ 実際のFZシリコン結晶の作製法

　図表5-2-3より更に詳細な図を図表5-3-1に示します。前節で説明したように多結晶シリコンのロッドを炉内に入れて、炉内はアルゴン（Ar）ガスで置換します。ここで、ロッドを回転させながら、ロッド外周に設置されたRFコイルをゆっくり引き上げていきます。図では便宜上、多結晶シリコンロッドが下に移動するような形で描いてありますので留意して下さい。このRFコイルによる誘導加熱でロッドの先端が溶融したら、その下端に図の（A）のように種結晶（シード）を付けます。これにより結晶方位が種結晶と同じものになります。その後、図の（B）のように転位＊を逃がすために**ネッキング**と呼ばれる絞りを入れます。これは、図では省略しましたが、CZ法でも行ない、それをDash Neckingといいます。Dashは開発者の名前です。その後、コイルの誘導加熱で多結晶シリコンが溶融して、図の（C）のように単結晶化してゆきます。この場合、移動速度やRF出力の調整でウェーハ直径を制御します。

　このメリットは

> ①石英坩堝を使用しないので、酸素濃度を低くすることができる。
> ②高抵抗ウェーハを作ることができる

という点です。ただ、常にロッドの一部だけを高温にしていますので、熱による歪が大きくなり、単結晶内の転位密度がCZ法に比較すると高くなるといわれています。

▶▶ FZ結晶の大口径化

　フローティングゾーン法によるシリコンウェーハの作製では現在8インチ径のウェーハが行なわれている状態です。歴史的には2インチまでが1970年代後半、3インチまでは1980年代後半、4インチまでが1990年代後半、6インチ化が2000

＊**転位**　一言でいうと結晶の"ずれ"のようなものです

5-3 メモリやロジックと異なるFZ結晶

年代に入り始まっています。参考までにウェーハ径の推移を図表5-3-2に示してみました。チョクラルスキー法によるシリコンウェーハは5-2でも述べましたが、12インチ（300mm）化が1990年代後半には始まっていますので、ウェーハの口径に関してはだいぶ異なることがわかると思います。因みに筆者は2インチのウェーハは見たことはあるだけで、初めて自分で使用したウェーハは3インチでした。3インチから5インチへコンバージョンをした経験がありますが、ウェーハが倍近く大きくなったのでびっくりした覚えがあります。実際に作業した場合、ピンセットでつかみにくかったことを覚えています。

FZ法によるシリコンウェーハの作り方の模式図その2（図表5-3-1）

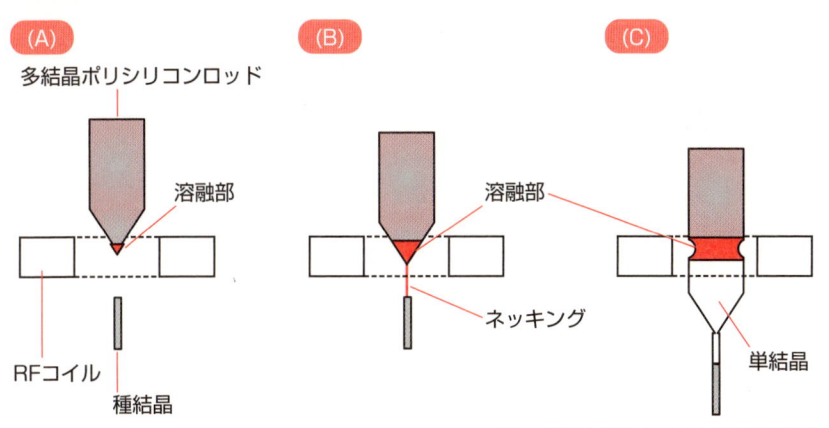

(A) 多結晶ポリシリコンロッド／溶融部／RFコイル／種結晶
(B) 溶融部／ネッキング
(C) 溶融部／単結晶

出典：阿部孝夫著"シリコン"培風館を元に作成

FZ法によるシリコンウェーハ径の変遷（図表5-3-2）

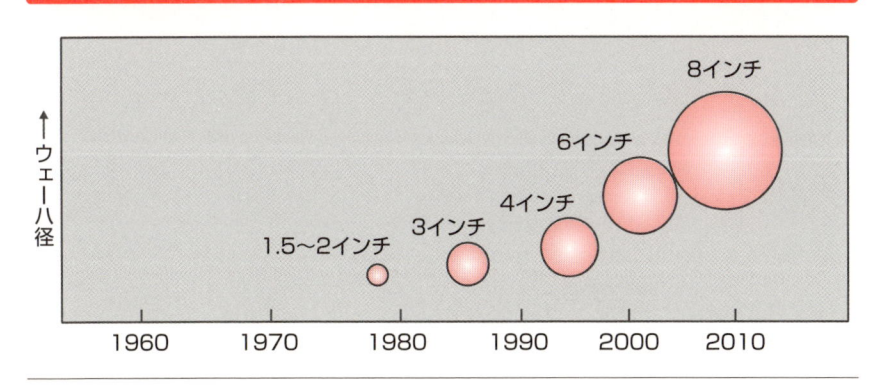

縦軸：ウェーハ径
横軸：1960、1970、1980、1990、2000、2010

1.5～2インチ、3インチ、4インチ、6インチ、8インチ

5-4

なぜFZ結晶が必要か？

ここではパワー半導体用は、なぜFZウェーハが用いられるかについて解説します。それには偏析という現象が鍵になります。

▶▶ 偏析とは？

　CZ法ではシリコン単結晶を引き上げる時に**偏析**という現象が起こります。ここでいう偏析とは次の現象をいいます。シリコン単結晶を引き上げる際、結晶中に取り込まれる不純物濃度は不純物の種類によってある一定の比率になるわけですが、結晶中に取り込まれなかった不純物が固液界面で高濃度層を作ります。それが、残った液相での不純物濃度を更に増加させるために、シリコン単結晶の成長方向に不純物の濃度分布ができるのです。この現象のことを偏析といいます。

　図表5-4-1の左側に示すように、ある一定の温度で見た場合、液相の方が固相より不純物濃度が高くなることを示しています。従って、CZ法で引き上げたシリコンインゴットの中では図表5-4-1の右側に示すように不純物の濃度が成長方向で変わってきます。図中の抵抗率は、不純物濃度と反比例の関係になります。

CZ法によるシリコン単結晶の偏析のモデル（図表5-4-1）

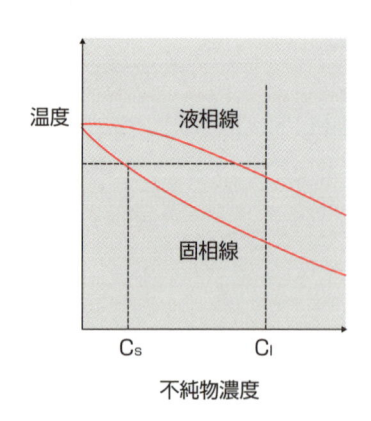

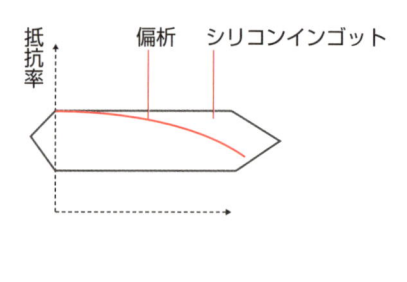

5-4 なぜFZ結晶が必要か？

これにより、シリコンウェーハに切り出した際に、切り出した場所で不純物濃度が変わってくるため、ウェーハの仕様としては、不純物濃度（電気的な特性としては**抵抗率**で表されます）をある範囲に収めるという形になります。もっとも、現在、シリコンウェーハを製造する際に使用されるn型不純物であるP（リン）、p型不純物であるB（ボロン）は他のV族、Ⅲ族の元素に比較して、この偏析が少ない元素であることを記しておきます。なお、図表5-1-1にこれらの不純物元素を色分けして示しておきました。

不純物を添加すると書きましたが、この不純物はシリコンと異なる元素という意味で不純物と称しているだけであり、当然余計な元素が入っては困りますから、"高純度の不純物"ということになります。念のために書いておきました。ついでながら、5-2に記したようにウェーハには酸素も混入します。これは多結晶シリコンを溶融するのが石英坩堝の中なので石英の酸素が多少溶け出すためといわれています。

このようにして、n型、p型のシリコンウェーハという製品がシリコンウェーハメーカから半導体メーカに納入され、半導体デバイスが製造されるわけです。

▶▶ 不純物濃度制御に関するFZ法のメリット

これに対して、FZ法は前記したように全体を液相にして、固液界面で結晶を成長させるわけではないので、この偏析がありません。

更に技術の進歩で

> ①ガスドーピング法
> ②中性子照射（NTD）法

などの新しい不純物添加法が用いられるようになり、更に不純物濃度の均一性が向上しました。①のガスドーピング法は図表5-4-2に示すように、多結晶シリコンロッドをRFコイルで加熱して、単結晶化している部分にドーピング用のガス（PH_3：ホスフィン, B_2H_6：ジボラン）を吹き付けて単結晶成長時にin situにドーピングする方法です。②の中性子照射法は、中性子を照射することで、以下の式の核反応を起こさせ

$$^{30}Si \longrightarrow {}^{31}Si \longrightarrow {}^{31}P$$

シリコンをn型の不純物のP（リン）に変換する方法です。n型のウェーハに用い

5-4 なぜFZ結晶が必要か？

られます。パワー半導体では、第2章でも述べたようにウェーハの厚さ方向全体を使用するので、不純物濃度の均一性の良いFZ法が用いられるわけです。

▶▶ FZシリコンウェーハの課題

ここではFZ法によるシリコンウェーハの課題についてふれておきます。FZ法では多結晶シリコン全体を溶融することなしに一部だけ溶融して単結晶化しますので、CZ法に比較すると原料である多結晶シリコンへの要求が厳しいということがあります。つまり、CZ法では全体を溶融させるので、品質が全体的に均されますが、FZ法では一部分を溶融しながら、単結晶化してゆくので全体的に均一の品質が多結晶シリコンに要求されます。これは製造コストに効いてきます。更に繰り返しになりますが、大口径化に対しては難しいという課題があります。

▶▶ 8インチ化はどこまで進んでいるか？

シリコンウェーハを使用したパワー半導体は当初は5-3にも書いたように1.5～2インチの時代もありました。まだ、それくらいの口径のシリコンウェーハしか生産できない時代があったわけです。

半導体産業の原理は一枚のウェーハになるべく多くのチップを作ることがコスト低減になりますので、そのためには、大口径のウェーハを使用して、多くのチップを作れる方が有利です。ただ、その度合いはMOSメモリやMOSロジックとは異なります。チップの大きさは、パワー半導体の中にはウェーハ一枚で1チップというようなケースもあります。

現状はまだ6インチが主流で、一部8インチになっているようですが、8インチ化はまだ一部で始まっているに過ぎません。

ガスドーピング法の模式図（図表5-4-2）

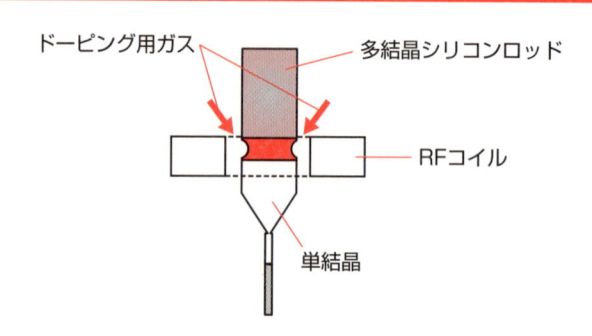

ドーピング用ガス／多結晶シリコンロッド／RFコイル／単結晶

5-5
6インチ径も出てきたSiCウェーハ

ここでは最近パワー半導体用に用いられつつあるSiCウェーハについて解説します。最近は6インチウェーハが登場しています。

▶▶ SiCとは？

SiC（炭化珪素）とはどのような性質を持つのでしょうか？ 既に5-1で述べたようにC（炭素）とSi（シリコン：珪素）は同じⅣ族の元素です。最外殻電子の数はどちらも同じ4個で、安定な共有結合を作ります。したがって、SiCは安定な化合物であり、シリコンと同じような構造の単結晶を作ります。

▶▶ SiCの登場はパワー半導体以前から

最近、シリコンの限界が懸念され、パワー半導体材料としてSiCが注目されていますが、SiCは半導体材料としては以前から注目されています。それはSiCが次節のGaNなどとともにワイドギャップ半導体材料の範疇に分類されるからです。ワイドギャップ半導体というのは少し難しい話になりますが、シリコンの固体物性でいうところの**価電子帯***と**伝導帯***のバンドギャップ（これを電子が存在しない領域という意味で禁制帯と呼びます）が大きい半導体材料のことをいいます。図表5-5-1にシリコンとの比較で示します。

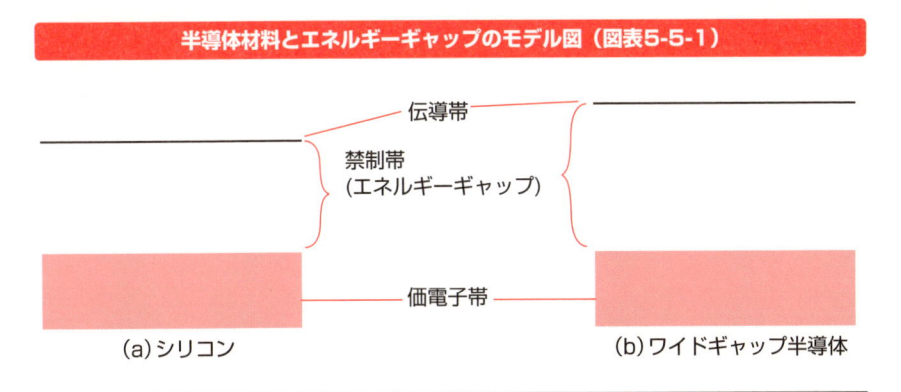

半導体材料とエネルギーギャップのモデル図（図表5-5-1）

(a) シリコン　　(b) ワイドギャップ半導体

伝導帯
禁制帯（エネルギーギャップ）
価電子帯

*価電子帯　電子が詰まったエネルギーバンド。ここでは電子は自由に動けません。
*伝導帯　電子が詰まっておらず、ここに電子が来れば、自由に動き回れるエネルギーバンド。

第5章 パワー半導体用ウェーハに切り込む

なお、この本では半導体デバイスの動作原理にはエネルギーバンド図を使用しないで説明してきましたが、物性に関してはエネルギーバンドで説明します。

このため、温度耐性などが良く、robust型の半導体として重宝されてきました。robustとは日本語でもロバスト半導体のように言われていますが、頑丈なという意味です。例えば、宇宙開発の半導体素子などは厳しい環境の中で使用しますので、SiC半導体などが使用されています。

次節以降で述べるGaNより実現性が高いと見ているパワー半導体メーカもあり、4インチでの製品出荷も始まっているようです。4H（六方晶系）が使用されています。

▶▶ 色々な結晶面のあるSiC

既に4Hという表記をしましたが、SiCの結晶には通称4Hと6Hなど色々の結晶があります。HはHexagonalの略で六方晶ということです。通常パワー半導体ではこの4Hか6Hの結晶を使用します。現状は4Hが主流のようです。結晶構造の説明は長く複雑になり、この本の主旨とは異なってきますので、これ以上は触れません。

実際のSiCウェーハですが、SiCの場合も不純物をあらかじめ混入して導電性を向上させたウェーハを提供することが行なわれています。通常はn型です。SiCウェーハの製造法は昇華法、種付き昇華再結晶法が主ですが、住友金属工業では溶液成長を試みています。

図表5-5-2にシリコンとSiCおよびGaNの各物性を比較したものを示します。バンドギャップが大きいほど、4-2で述べたように一般に耐圧は大きくなります。SiCやGaNはシリコンの約3倍ほどバンドギャップが大きいことがわかります。従って、絶縁耐性の値はSiCやGaNでは、3.0MV/cmとシリコンの10倍の値があります。そこで耐圧でいえば、600V以下がGaNで、それ以上はSiCという予測もあります。

SiC市場に関しては、Yole Development社によれば、2015年には2008年に比較して、30倍の8億2300万ドルに成長するという予測もあります。

その他のSiCの特徴

　因みにSiCは材料としても興味深いものです。いわゆるファインセラミクスとよばれるセラミクス材料ですが、その強度、耐熱性から半導体製造プロセスにも使用されています。例えば、ドライエッチング装置の電極やフォーカスリング、CVD装置のサセプター*などです。いずれも従来の材料より高温でも用いることができるのがメリットになります。SiCは半導体材料として興味深いものですが、エレクトロニクス材料として広く見ても面白い材料です。

パワー半導体材料の比較（図表5-5-2）

	Si	SiC	GaN
バンドギャップ (eV)	1.10	3.36	3.39
電子移動度 (cm^2/V・sec)	1350	1000	1000
絶縁耐圧 (MV/cm)	0.3	3.0	3.0
飽和電子移動度 (cm/sec)	1×10^7	2×10^7	2×10^7
熱伝導度 (W/cmK)	1.5	4.9	1.3

＊**サセプター**　成膜の際に、シリコンウェーハを置くテーブル状の台。

5-6
GaNウェーハの難しさ
―ヘテロエピとは？

ここでは最近パワー半導体用としてSiCとともに注目されているGaNについて説明します。

▶▶ GaNとは？

窒化ガリウム（GaN）はGaが短周期律表のⅢ族の元素でNはⅤ族の元素です。図表5-1-1をもう一度見ていただけるとわかると思います。したがって、Ⅲ-Ⅴ族の化合物半導体の仲間に入ります。図表5-5-2に示したようにSiCと同様に3.39eVという大きな**バンドギャップ**（band gap）を有します。GaNというと青色半導体レーザですっかり有名になりました。いまのブルーレイレコーダもGaNを使用しています。窒化ガリウム系（GaN）半導体は、青色や緑色発光ダイオード、紫色レーザ、紫外線センサ、超高周波パワートランジスタ、高効率電力変換素子、耐環境素子などとして21世紀の高度情報化社会に必須となる半導体材料です。また、特筆すべきは窒化ガリウム（GaN）は無毒な材料であり、従来の化合物半導体と置換すべき材料です。

▶▶ GaN単結晶の作り方

実際のパワー半導体用のGaNウェーハは、GaN単体のウェーハでは2インチ程度を作製できるのがやっとであり、産業ベースには合いません。そこでシリコンウェーハの上にGaNを**ヘテロエピタキシャル成長**させる方法を用います。

通常のエピタキシャル成長をホモエピタキシャル成長といいます。ホモ（homo）とは"同質の"という意味があります。対して、ヘテロ（hetero）とはその逆の"異質の"という意味です。ただ、あくまでもヘテロエピタキシャル成長に対する呼び方で、通常、エピタキシャル成長といえば、ホモエピタキシャル成長のことです。

図表5-6-1を見て下さい。ホモエピキタキシーの場合は同じシリコンの原子を成長させるため、格子常数が同じですから、歪無く成長します。しかし、ヘテロエピタキシーの場合は、シリコンと格子定数の異なる原子を成長させるため、どうして

5-6 GaNウェーハの難しさ―ヘテロエピとは？

も歪ができてしまいます。

　図表5-6-1に示すようにシリコンとGaNでは結晶格子の間隔を示す格子定数の大きさがことなります。そこで、赤崎勇先生や中村修二先生のGaN結晶成長で開発された低温バッファー（緩衝層）の形成が鍵です。つまり、両者の格子定数の中間的な値を持つ物質の層をシリコンとGaNの間に緩衝層として形成するわけです。通常は格子定数の関係からAlGaNを使用します。

　実際にGaNを用いてパワー半導体を作る時の課題は第7章で説明します。ここで説明したようにシリコン基板の上にGaNをヘテロエピタキシャル成長させる構造ですので、半導体デバイスとしての構造には制約を受けます。

　一方、パワー半導体ではシリコンウェーハの上にヘテロエピタキシャル成長させる方法が一般的ですが、他の応用では、例えばサファイア基板の上に成長させることもあります。

エピタキシャル成長のモデル図（図表5-6-1）

(a) ホモエピタキシー

同種の原子のため、歪無く成長する。

ダングリングボンド
次のシリコン原子
エピタキシャル層
シリコンウェーハ
シリコン原子

(b) ヘテロエピタキシー

格子定数が異なるため、歪ができる。

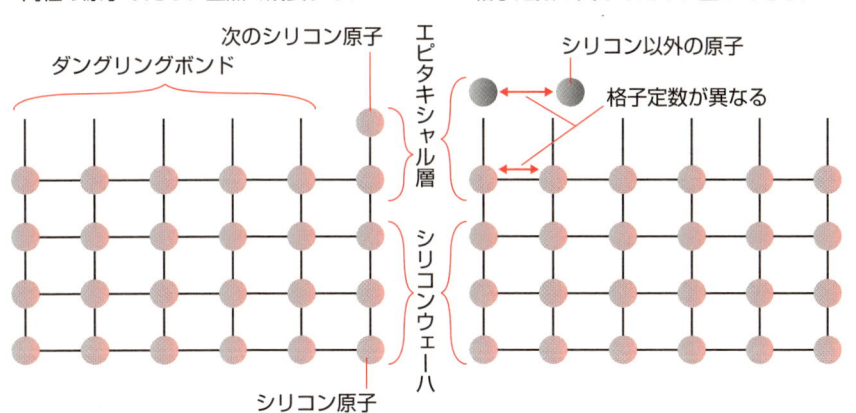

シリコン以外の原子
格子定数が異なる

5-7

ウェーハメーカの動向

ここではパワー半導体用のSiCやGaNのウェーハ製造メーカの動向について解説します。まずはSiCウェーハです。読みものとして読んで下さい。色々なベンチャー企業に参画しています。

▶▶ コストが課題

SiCウェーハの課題は製造コストです。量が出てくればという議論はありますが、まだまだシリコンと比較すると高価です。一昔前は6インチで100万円が、現在10万円を切ってきたといわれています。シリコンウェーハなら12インチでもこんなにしません。

▶▶ 寡占状態のSiCウェーハ

SiCウェーハはシリコンと違って、米国クリー社が独占に近い90％ほどのシェアを有しているといわれています。この寡占化状態の中で、色々なウェーハメーカが登場しています。ドイツではシークリスタルというインフィニオンとエルランゲン大学とのベンチャー企業がSiCウェーハに参入しています。国内では新日鉄などが生産しています。新日鉄は以前シリコンウェーハ事業に参入した経験もあり、技術的なノウハウは蓄積されているのかもしれません。その他にはブリジストン、ダウ・コーニング、タンケブル（中国 天科合成が漢字表記）なども参入を窺っているようです。

自動車メーカは3-4で述べたようにHVやEVに搭載するインバータとして耐熱性のあるSiCのIGBTの採用に興味を示しており、日産自動車、トヨタ、デンソーなどの自動車メーカはSiCを用いたパワー半導体を開発しているようです。それにはHVやEVの普及が鍵かもしれません。

▶▶ SiCウェーハのSOIによる大型化

クリーと新日鉄が4インチ化に成功しているようです。09年にはシークリスタルとダウ・コーニングが4インチ化しました。パワー半導体メーカとしては現状は6イ

ンチ化が理想とのことです。大口径化の動向では、エアウォータではSOI基板を用いることでSiCの8インチ化を計画しています。

▶▶ 市場規模

　国内では3インチベースでまだ1万枚規模には達していないようです。主流は4H-n型でエピタキシャル膜付きです。エピタキシャル膜付きですので、3インチでも20～40万円とのことです。シリコンより2桁くらい高い値段です。これは現在ウェーハ作製に昇華法を取っているために、コスト高になっているようです。4インチウェーハはインフィニオンはエピタキシャル成長は自社で行なっているという報道もありました。

　またエピタキシャル成長層の転位欠陥などが課題です。ひところ、問題になっていたマイクロパイプは克服したようです。エピタキシャル層付きは現在限られたメーカしか参入していません。技術的な難しさがあるようです。ベアウェーハしか行なっていないウェーハメーカもある一方、パワー半導体メーカ内でエピタキシャル成長を行なう企業もあるようです。エピタキシャル成長も共同研究が盛んで、我が国ではロームが京都大学や東京エレクトロンと共同で開発しています。また、昭和電工ではエレキャット・ジャパンという会社を産業総合研究所と共同で設立し、受託でエピタキシャル成長を行なうビジネス展開をしています。

　以上、断片的ながらSiCウェーハの現状を述べてみました。シリコンウェーハも発展期には多くの業種から参入してきましたが、結局は国内では数社しか残りませんでした。今後の動向に注目してゆく必要があります。

▶▶ GaNウェーハの国内の動向

　GaNウェーハビジネスには、色々な企業が参画しております。実際のところはGaNウェーハというよりはシリコンウェーハ上にGaNヘテロエピタキシャル成長を行なうサービスというビジネスが主流です。既に6インチまで可能のようです。しかし、今のところは、パワー半導体への応用よりも照明用LEDへの応用などが直近の主流のようです。

GaNウェーハの海外の動向

フランスのルミログ社は欧州プロジェクトのひとつであるCNSRからのスピンアウト企業ですが、GaNウェーハの大幅増産を公表しています。

参考までに図表5-7-1にGaNウェーハのパワー半導体で期待される領域を示してみました。

パワーデバイス市場規模とGaN応用分野（図表5-7-1）

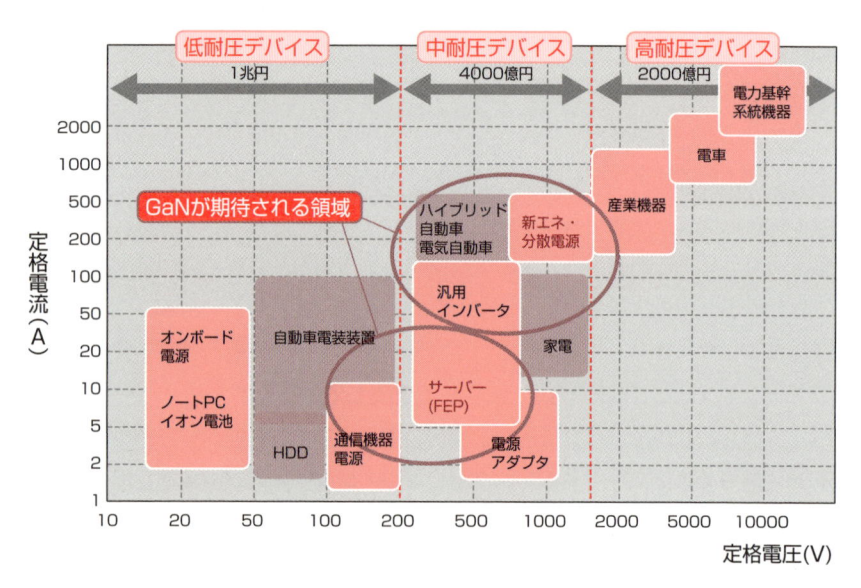

低耐圧デバイス 1兆円 ／ 中耐圧デバイス 4000億円 ／ 高耐圧デバイス 2000億円

GaNが期待される領域：ハイブリッド自動車・電気自動車、新エネ・分散電源、汎用インバータ、サーバー（FEP）、通信機器電源、電源アダプタ

その他の領域：オンボード電源、ノートPCイオン電池、自動車電装装置、HDD、家電、産業機器、電車、電力基幹系統機器

縦軸：定格電流（A）、横軸：定格電圧（V）

出典：古河電気工業ホームページ

第6章
新しいシリコンパワー半導体と世代交代

この章ではシリコン材料を用いたパワー半導体がどのように発展してきたかを具体的な例を挙げて説明します。併せて、現状の課題と対策についても触れます。

図解入門
How-nual

6-1

パワー半導体の世代とは？

スポーツや政治などでよく"世代交代"ということが記事になったりしますが、パワー半導体も世代交代のようなものがあります。ここではシリコンのパワーMOSFETやIGBTの構造の変革を述べて、新しい材料のFETについて解説する第7章につなぎたいと思います。業界誌などに色々な用語が出てくるので、それを理解する意味もあります。

まずはパワー半導体の例としてパワーMOSFETを取り上げます。

▶▶ パワー半導体の世代とは？

業界のニュースを読むと先端MOS LSIでは45nmノードとか32nmノードとか色々と世代交代の話題が盛んです。実はパワー半導体でも世代交代が進んでいます。ここでは様々な例を取り上げて全体を俯瞰したいと思います。

MOSFETは1970年代から（もっと古くからという考えもあると思います）パワー半導体として登場しました。通常のMOSトランジスタのような横型から縦型へ、縦型の**プレーナ（planar）型**から**トレンチ（trench）型**へと変化してきました。その分類を図表6-1-1に示します。

パワーMOSFETの分類（図表6-1-1）

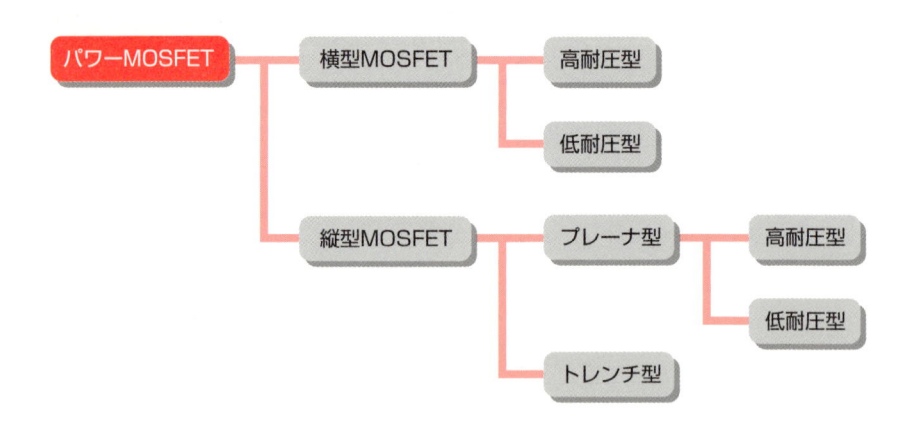

```
パワーMOSFET ─┬─ 横型MOSFET ─┬─ 高耐圧型
             │              └─ 低耐圧型
             │
             └─ 縦型MOSFET ─┬─ プレーナ型 ─┬─ 高耐圧型
                            │              └─ 低耐圧型
                            └─ トレンチ型
```

6-1 パワー半導体の世代とは？

　2-4でMOSFETの構造の変化を説明しました。パワー半導体は先端MOSトランジスタのように微細化を追求するものではありませんが、やはり全体として電力変換装置の小型化を図る必要があり、プレーナ型からより小型化しやすいトレンチ型へのスケールダウンが進んでいます。図表6-1-2にそれを示します。この傾向は後で取り上げるIGBTでも同じです。また、パワーMOSFETでも1μmを切った、いわゆるサブミクロンのものも現われています。ただし、先端MOSトランジスタは既に数十nmの世界ですので、微細化の桁は違います。

パワーMOSFET プレーナ型とトレンチ型の例（図表6-1-2）

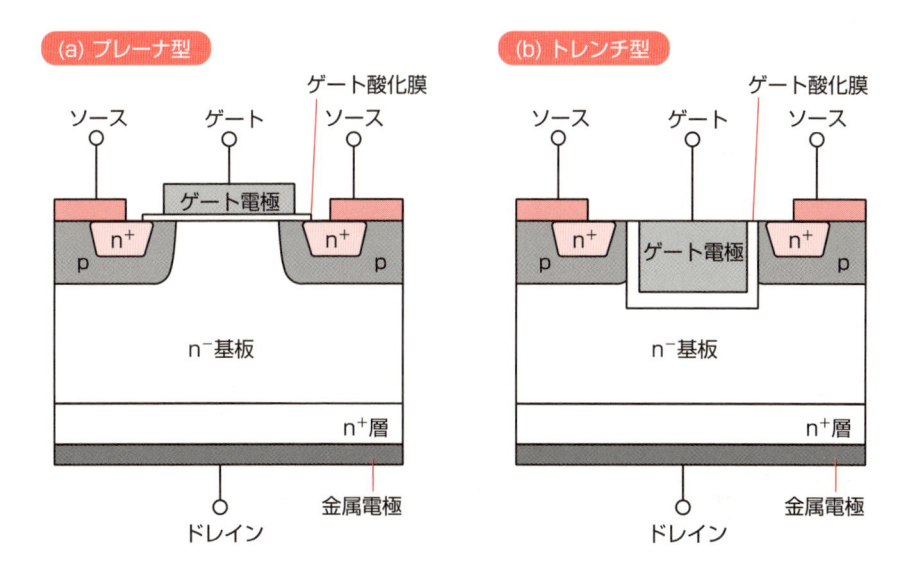

(a) プレーナ型

ソース　ゲート　ゲート酸化膜　ソース
ゲート電極
n^+　n^+
p　p
n^-基板
n^+層
金属電極
ドレイン

(b) トレンチ型

ソース　ゲート　ゲート酸化膜　ソース
n^+　ゲート電極　n^+
p　p
n^-基板
n^+層
金属電極
ドレイン

▶▶ 電力損失の低減とは？

　パワー半導体の原則論にもう一度立ち返ります。パワー半導体は"電力の変換"を行なうデバイスであるということを何度か記してきました。ところで、半導体、とりわけバイポーラトランジスタには増幅作用があることは漠然とながらもご存知だと思います。我々の生活の潤いになっているオーディオ機器などは、この増幅作用を利用して音楽を再生しています。これも一種の電力の変換です。信号を増幅してスピーカの振動板を動かす働きをしているからです。しかし、この場合は信号の忠

6-1 パワー半導体の世代とは？

実な再生があくまでも主であり、変換効率（現状がけっして悪いといっているわけではありません。あくまで比較の問題です）は二の次です。しかし、パワー半導体はこれからの環境・エネルギーの時代を支えるデバイスになるわけですから、駆動時の消費電力を低減することが重要であり、低損失、すなわち変換効率の向上が鍵になります。特に2-4にも記しましたが、高速スイッチング領域では損失が大きくなりますので、なおさらです。

パワー半導体は電力の変換を行なうデバイスで、エネルギーの変換という意味で一番気にしなければならないことは変換効率、即ち、低電力損失ということはおわかりいただけたと思います。ただし、MOSFETはバイポーラトランジスタに比較すると電圧駆動ですので、駆動電力は低いのですが、高速スイッチング時に大きくなるのが問題です（もっとも、バイポーラトランジスタに比べると駆動電力は低いです）。図表6-1-3にそれを模式的に示しておきます。6-8でも触れますが、パワー半導体で電力変換の際にロスする分は熱になり、それを冷却するために余分なエネルギーを使用するということになります。したがって、如何に変換効率を上げるかということになります。

低消費電力という面ではCMOSを使った先端MOS LSIでも同じです。パワーMOSFETとLSI用のMOSトランジスタは似て非なるところが色々あります。

バイポーラトランジスタとMOSFETの駆動電力（図表6-1-3）

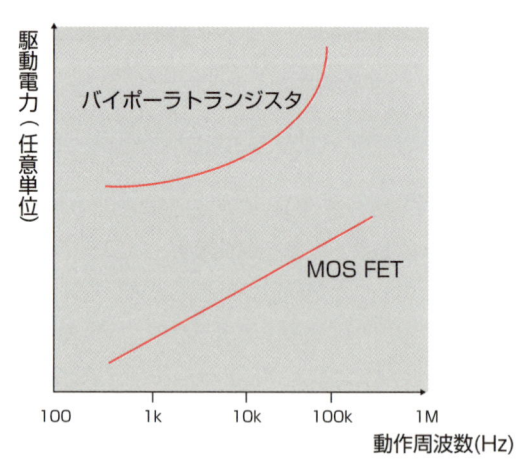

出典："パワーMOS FETの応用技術" 山崎浩, 日刊工業新聞社 (1988)

6-2 パワーMOSFETからIGBTへの変換

世代交代の例としてパワーMOSFETの微細化、小型化の後は繰り返しになるかもしれませんが、パワーMOSFETからIGBTへの変遷の例を説明しておきましょう。

▶▶ MOSFETの欠点

MOSFETの最大の特徴は高速スイッチングが可能になり、数MHz（メガヘルツ）の高速動作が可能ということは2-4でも触れました。ただ、高耐圧化には向いていないので数kVA以下の小〜中電力領域での利用が主になります。なぜ高耐圧化に向いていないかというと、**オン抵抗**を低減するには不純物濃度を高くするとか、チャネル長を短くする方法が主流なので、原理的に高耐圧化には向いていないという理解でよいと思います。

そこで、2-5で述べたようにパワー半導体の応用範囲が広くなる中で比較的大電力領域でも高速スイッチングが可能なものが求められてきました。そこで1980年代後半に登場してきたのがIGBTです。IGBTはMOSFETでスイッチング動作を行いますが、実際にはその下部のバイポーラトランジスタ部を電流が流れるので、比較的大電流を流すことができ、耐圧も大きく取れるわけです。

▶▶ IGBTの世代交代

IGBTが使用されるようになるとインバータ動作時の電力損失の低減も課題になりました。この本では詳しく触れませんが、IGBTの世代交代は電力損失を如何に低減するかで、初めて登場した第一世代から現状第五世代まで進んでいます。この間、**電力損失**は約1/3に低減されてきました。図表6-2-1にIGBTの電力損失の内訳を示しますが、インバータ動作時のスイッチングによるオン・オフ時の損失と導通時の損失の和になっています。

これらのうち、スイッチングによる損失は**飽和電圧**＊とのトレードオフになっており、IGBTの性能を表す時によく出てきます。図表6-2-2にその模式図を示しておきます。

＊**飽和電圧** IGBTのバイポーラトランジスタがオンして、飽和領域になった際のエミッターコレクタ間の電圧。

6-2 パワーMOSFETからIGBTへの変換

IGBTの電力損失の内訳（図表6-2-1）

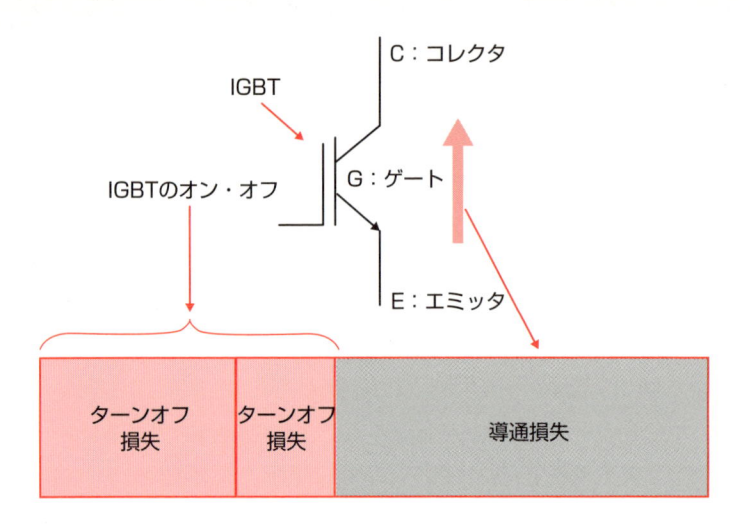

IGBT

C：コレクタ
G：ゲート
E：エミッタ

IGBTのオン・オフ

| ターンオフ損失 | ターンオフ損失 | 導通損失 |

飽和電圧とスイッチング損失のトレードオフ（図表6-2-2）

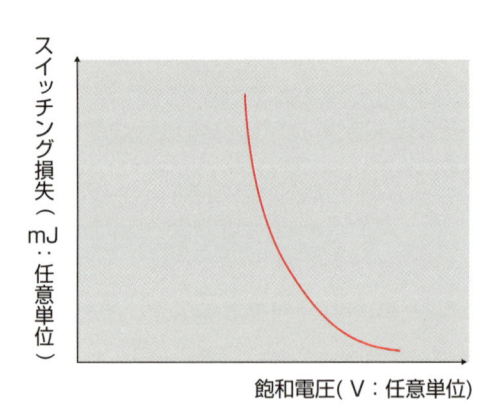

縦軸：スイッチング損失（mJ：任意単位）
横軸：飽和電圧（V：任意単位）

6-3

パンチスルーとノンパンチスルー

次にIGBTのパンチスルー型とノンパンチスルー型の例を説明しておきましょう。業界誌や特許などを読むとよく出てくる用語ですので、ここで説明しておきます。

▶▶ パンチスルー型とは？

　パンチスルー（punch through）とは一般にはMOSトランジスタで使用される用語で、もともとゲート電圧を印加して、オンしたMOSトランジスタのドレイン電圧V_Dを高くしていくとドレインの空乏層が大きくなってチャネルがドレイン端で消失し、ドレインの空乏層がソースまで延びてしまいますが、ソース－ドレイン間には電流が流れる現象のことです。MOSトランジスタをご存知の方はお分かりだと思いますが、参考までに図表6-3-1に挙げておきます。

MOSトランジスタのパンチスルー状態（図表6-3-1）

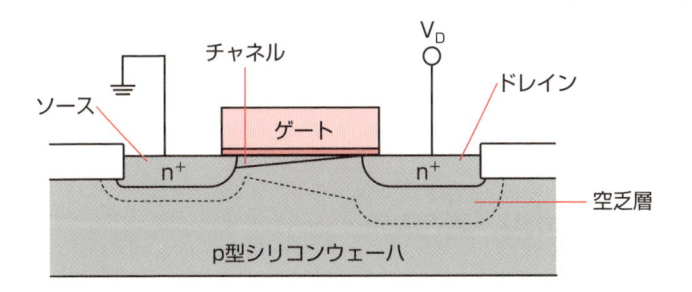

　IGBTでいうパンチスルー型とはIGBTがオフの際に、コレクタまで空乏層が延びることをいい、1980年代に考えられた方法です。

　その構造を図表6-3-2に示します。この場合はコレクタ層にエピタキシャル成長層を使用するので製造コストが高くなります。しかし、オフ時にコレクタからベース領域に少数キャリアが注入され、再結合作用により**ライフタイムコントロール**が可能な点がメリットです。ライフタイムコントロールとは、パワー半導体の場合は何度か書いたように電流（即ちキャリアの数）が大きいので、オフ時に過剰なキャ

6-3 パンチスルーとノンパンチスルー

リアが残ります。この過剰キャリアを処理するのが課題になっているわけです。この場合はコレクタからの少数キャリアの注入により行なわれるわけです。これがデジタル信号を取り扱うMOS LSIとの違いでもあります。しかし、それが逆に高温での駆動を不可にしている理由になります。高温だと熱励起によりキャリアが更に発生するからです。

パンチスルー型の模式図（図表6-3-2）

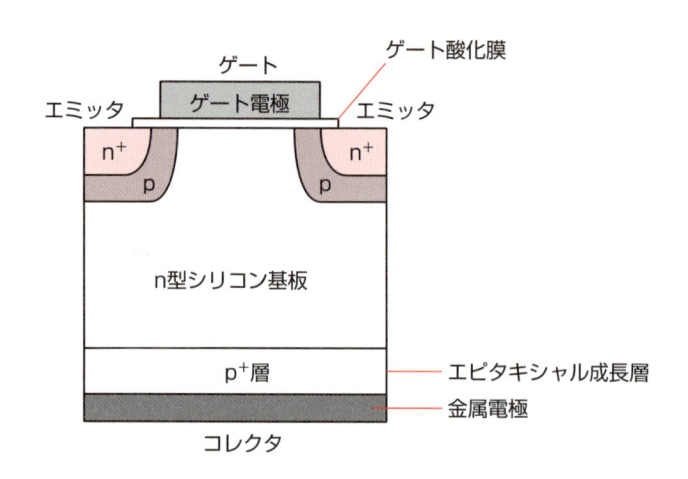

（図：パンチスルー型IGBTの断面模式図。上部にゲート酸化膜、ゲート電極、両側にエミッタ（n^+、p）、中央にn型シリコン基板、下部にp^+層（エピタキシャル成長層）、最下部に金属電極（コレクタ））

▶▶ ノンパンチスルー型とは？

　パンチスルー型はエピタキシャル成長を用いるのに対して、ノンパンチスルー型はウェーハプロセスが従来のものと異なってきます。ノンパンチスルー型を製造するにはウェーハを薄くして、裏面から不純物を導入する必要があり、1990年代中ごろから作られました。このため、**ウェーハ薄化**というプロセスと、第2章で軽く触れましたが、裏面に不純物を注入した後の不純物活性化を行なう裏面アニーラーを必要とします。ノンパンチスルー型と呼ぶのはIGBTがオフの際にコレクタまで空乏層が伸びない構造になっているからです。

　ノンパンチスルー型の断面の模式図を図表6-3-3（図はウェーハの厚さ方向は無視して描いています）に示しますが、n^-層のFZウェーハの表面にエミッタ、ベー

6-3 パンチスルーとノンパンチスルー

ス、ゲートをそれぞれ形成した後、ウェーハの裏面を研磨（後工程でいうバックグラインドのようにかなり研磨します）して所望の厚さにした後に、その研磨面からp型領域を作るためB（ボロン、硼素ともいう）を注入して、活性化の**裏面アニール**を行ないます。これがコレクタ層になるわけです。この際、p層の濃度をあまり上げないようにしています。エピタキシャル層を使用しないので、結晶欠陥も少なく、コストを抑えられるというのですが、裏面注入や裏面研磨があるので、その分の製造コストが気になります。

なお、ウェーハを薄くした後のウェーハのハンドリングは通常の厚さのものとは異なり、ベルヌーイチャック*を用いた非接触のハンドリングが用いられます。

なお、パンチスルー型をPT型、ノンパンチスルー型をNPT型と略記することもあります。

ノンパンチスルー型の模式図（図表6-3-3）

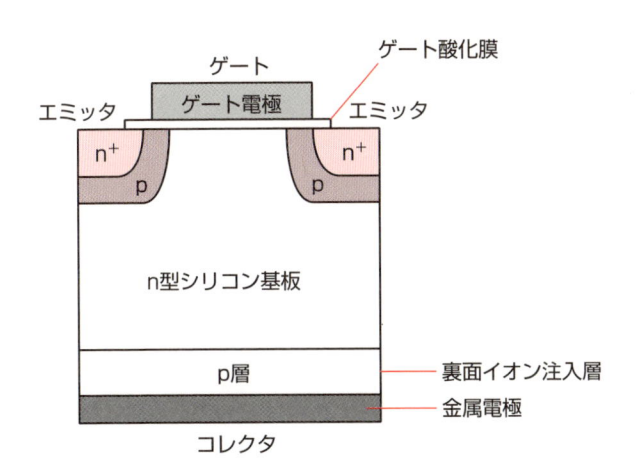

（ゲート／ゲート酸化膜／ゲート電極／エミッタ／n^+／p／n型シリコン基板／p層／裏面イオン注入層／金属電極／コレクタ）

製造プロセスについては紙面の都合上、詳しくは触れられませんが、フィールドストップ型も含め、6-4で簡単に述べておきましたので、参考にして下さい。

また、パワー半導体のように大電流を扱うには、オフ時の過剰キャリアの処理に対応する必要があり、デバイス構造が複雑になることがわかっていただけたかと思います。

---

*　**ベルヌーイチャック**　ベルヌーイの原理を用いたもので、ウェーハの上下から加える圧力を調整することで上向きの揚力を発生させ、ウェーハの保持を行ないます。

6-4

フィールドストップ型の登場

次に登場するのはフィールドストップ型です。これは更にオン抵抗の低減を図るために工夫されたものです。

▶▶ フィールドストップ型とは？

フィールドストップ型とは聞きなれない用語だと思います。筆者の知る限りではIGBTの分野での用語です。

フィールドストップ型は2000年代になって登場しました。狙いはオン抵抗の低減と高速スイッチングです。実は今まで説明したIGBTの図でもフィールドストップ層が出てきています。それはどこでしょう？　もう一度、図表6-4-1に再掲載したプレーナ型のIGBTの断面を見て下さい。コレクタ層（p^+層）の上にn^+層が形成されていることがわかると思います。これが実はフィールドストップ層です。

フィールドストップ型では6-2でもふれたオン時のコレクターエミッタの飽和電圧V_{CE}を低くできるので、スイッチング損失を低く抑えることができるのが特徴です。

フィールドストップ層（図表6-4-1）

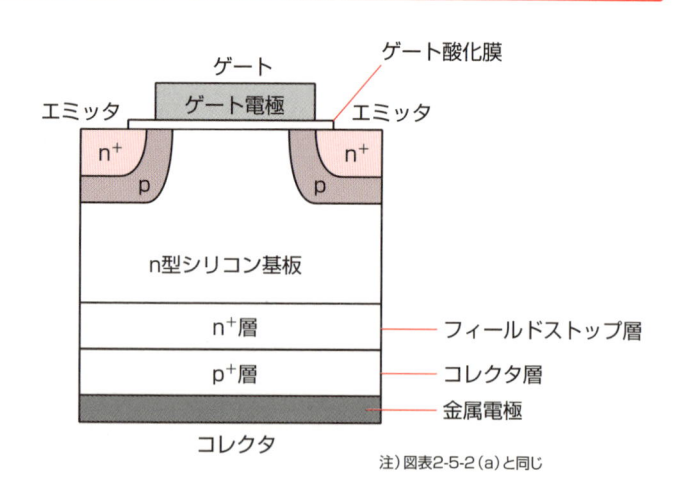

注）図表2-5-2(a)と同じ

▶▶ フィールドストップ型のプロセス

　フィールドストップ型のIGBTを製造する方法はノンパンチスルー型と同様に、FZウェーハを薄くして、裏面から不純物を導入する必要があります。このため、ウェーハ薄化というプロセスと裏面からの不純物の注入とその後の不純物活性化を行なう裏面アニールプロセスを必要とします。ただし、ノンパンチスルー型と異なってくるのは、n⁻層のFZウェーハの表面にエミッタ、ベース、ゲートをそれぞれ形成し、ウェーハの裏面を研磨して所望の厚さにした後の注入プロセスです。ノンパンチスルー型では研磨面からp層となるB（ボロン、硼素ともいう）しか注入しませんが、フィールドストップ型ではn⁺層となるP（リン）を始めに注入し、その後にp⁺層になるBを注入します。P（リン）がフィールドストップ層になることはいうまでもありません。その後、ふたつの不純物の活性化の裏面アニールを行ないます。この際はノンパンチスルー型に比較して、ふたつの異なるタイプの不純物の活性化を

フィールドストップ型のプロセス模式図（図表6-4-2）

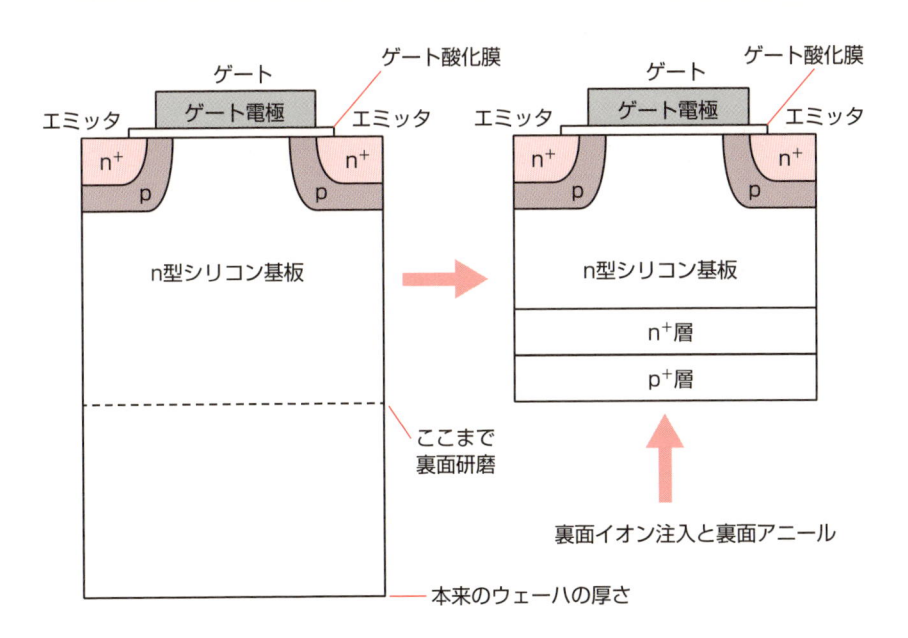

6-4 フィールドストップ型の登場

比較的厚い領域で行なうため、裏面アニールプロセスが複雑になります。これなどはフィールドストップ型IGBT独特のプロセスともいえます。プロセスのイメージが湧かない方のために図表6-4-2に上記の要点をまとめてみました。参考にして下さい。ウェーハ裏面にもパターニングが必要な場合があれば、2-8で名称だけを紹介した**両面アライナー**という装置が必要になります。MOS LSIの製造プロセスでは用いませんので、専業の光学メーカが参入しています。この両面アライナーだけでなく、他の装置もMOS LSIの製造装置メーカとは異なる企業が参入しているようです。

なお、ウェーハを薄くした後のウェーハのハンドリングはノンパンチスルー型と同様です。

IGBTの製造プロセスはMOSFETに比較すると複雑というか、だいぶ異なるものであることがお分かりいただけたと思います。2-8で敢えて、通常の半導体プロセス、とりわけMOSプロセスと異なる面があるということを説明した筆者の意図もご理解いただけたと思います。異なる面があるというよりも、大いに異なると理解しておいた方がよいかもしれません。

パンチスルー型をPT型と略記するようにフィールドストップ型をFS型と略記する場合もあります。

6-5

IGBT型の発展形を探る

第2章で触れたIGBTも色々発展形が出ていますので、ここで羅列的になりますが、紹介しておきます。まずはMOSFETと同様に微細化が進んでいるという現状です。

▶▶ プレーナ構造からトレンチ型へ

2-5でIGBTの構造や動作原理を説明しました。少し復習になりますが、繰り返し説明しておきます。高速スイッチング可能なMOSFET型では構造上の制約から耐圧が低いという問題があります。そこで、比較的大電圧領域でも高速スイッチングが可能なものが求められてきました。

そこで登場してきたのがIGBTで、その構造は大胆な見方をすれば、パワーMOSFETの下部にバイポーラトランジスタを付けたような形になっていると説明しました。もう一度、図表2-5-3を見ていただきたいのですが、シリコン基板側が下部からp^+-n^+-nの三層になっている（FS型）のが特徴で、このp^+（コレクタ）とn^+-n（ベース）とエミッタの下のp層で$p-n-p$のバイポーラトランジスタを形成しているわけです。しかし、上のMOSFETの部分を見ていただければわかりますが、これは、いわゆるシリコンウェーハ上にそのままゲート電極を形成したプレーナ構造と呼ばれるものです。しかし、この構造はオン抵抗が大きいため、90年代半ばから図表6-5-1に示すようにプレーナ型からトレンチ型になっています。トレンチとは溝という意味でシリコンウェーハ内に溝を作り、その中に図のようにゲート電極を形成していることから、この呼び名を使っています。このような構造をとることで、ゲートの下でのキャリア密度を向上させて、オン抵抗を低減させることができます。図には示していませんが、更に微細トレンチ型へと変遷しています。

▶▶ 更に登場するIGBTの発展型

その後も各パワー半導体メーカから、新しい構造のIGBTが発表されています。二、三の例を示しておきます。東芝では高耐圧のIGBTとしてIEGT（Injection Enhanced Gate Transistor：注入促進型絶縁ゲートトランジスタ）を発表しています。これはIGBTのベースとエミッタ領域の構造を工夫することで、キャリア密度

6-5 IGBT型の発展形を探る

を図の左側のキャリア密度に示したように向上させ、オン抵抗及びオン電圧の低減を図るものです。

また、三菱電機ではCSTBTを提案しています。CSTBTとはCarrier Stored Trench Bipolar Transistorの略で電荷蓄積型トレンチバイポーラトランジスタのことです。これも電荷蓄積層を図の中に示すように形成することでオン状態時にダイオードに近いキャリア密度を持つことができるため、オン抵抗を下げることができます。それぞれの構造を図表6-5-2に示しておきます。

この背景はIGBTの課題である**飽和電圧**＊と**スイッチング損失**のトレードオフが挙げられます。つまり、飽和電圧を低減しようとすると前にも記しましたが、スイッチング損失が大きくなってしまうという問題のことです。ここで紹介した構造は、このトレードオフの低減の対策です。図表6-5-3に示すように如何にこの低減を図るかが課題です。この特性はIGBTの特性表によく出てきます。ここに紹介したのはほんの一部ですが、IGBTの発展形の理解の参考になればと思います。

IGBTの構造プレーナ型とトレンチ型（図表6-5-1）

(a)プレーナ型

(b)トレンチ型

＊**飽和電圧**　6-2でも触れましたが、補足しておきますとIGBTのバイポーラトランジスタがオンして、飽和領域になった際にエミッターコレクタ間の電圧のことです。$V_{CE(sat)}$とカタログや論文で記載されています。

6-5 IGBT型の発展形を探る

IGBTの発展型の例（図表6-5-2）

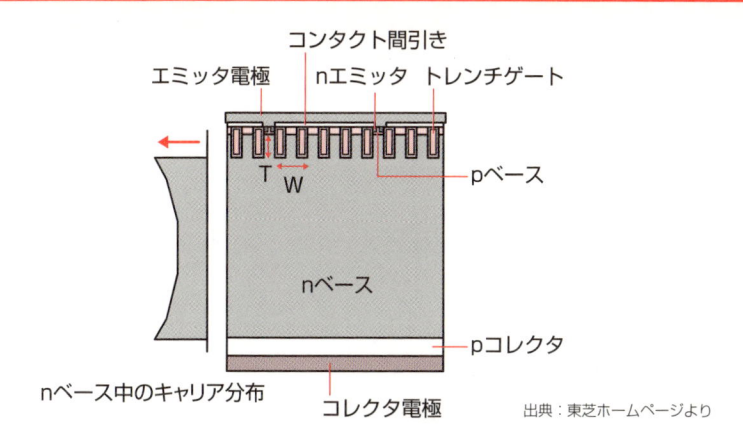

エミッタ電極　nエミッタ　コンタクト間引き　トレンチゲート

pベース

T　W

nベース

pコレクタ

nベース中のキャリア分布　コレクタ電極

出典：東芝ホームページより

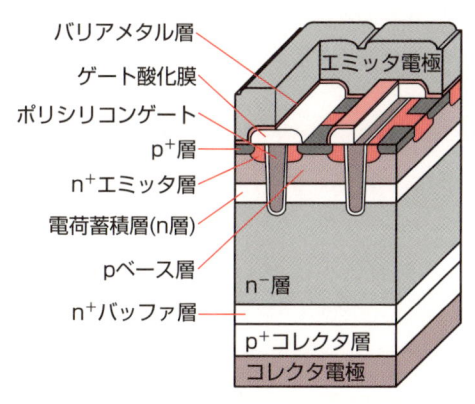

バリアメタル層
ゲート酸化膜
ポリシリコンゲート
p^+層
n^+エミッタ層
電荷蓄積層(n層)
pベース層
n^+バッファ層
p^+コレクタ層
コレクタ電極
エミッタ電極
n^-層

出典：三菱電機ホームページより

飽和電圧とスイッチング損失（図表6-5-3）

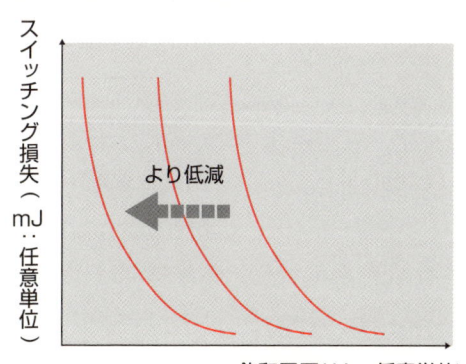

スイッチング損失（mJ：任意単位）

← より低減

飽和電圧（V：任意単位）

第6章　新しいシリコンパワー半導体と世代交代

6-6
IPM化が進むパワー半導体

パワー半導体にはMOSトランジスタのようなLSI（Large-Scaled Integrated Circuit：大規模集積回路→1-4参照のこと）のような概念はありませんが、パワーモジュールという考えが替わりにあります。これはパワー半導体を集積化して特定の機能を有するひとつの単位というべきものです。

▶▶ パワーモジュールとは

　パワー半導体は単独で使用するのではなく、4-1に記したように制御回路、保護回路などと組み合わせることが必要になります。例えば、サイリスタのところで説明したようにオンからオフにする際の転流回路が必要になるものがあります。これらのパワー半導体以外の回路も組み合わせて集積化するという考えが**パワーモジュール**です。

　ひとつの例として前節で取り上げたIGBTのモジュール化の例を示します。例えば、IGBTでは**還流ダイオード**が必要になりますが、図表6-6-1に示すようにあらかじめ、還流ダイオードと組み合わせてパッケージ化して、パワーモジュールとして製品化されるようになっています。パワーモジュールという考えが浸透し始めたのは80年代のことです。これをひとつの回路で描くと図表6-6-2のようになります。この件は第7章でも出てきますので、頭に入れておいて下さい。

▶▶ IPMとは

　1990年代にはIPMというパワーモジュールが開発されました。IPMとはIntelligent Power Moduleの略です。

　IGBTモジュールに最適なドライブ（駆動）機能を有したものもありますし、自己保護機能や自己判断機能を有したものも出ています。これにより、ユーザの方で制御回路や保護回路の設計が不要になり、使用しやすくなるというメリットがあります。

　ただ、車用や電車用、エアコン用など、使用環境の違いによりパワーモジュールに要求される仕様も異なってきます。パワー半導体メーカでは色々なIPMをラインナップ化しているのが現状です。図表6-6-3にその中の例を示します。この例はパ

6-6 IPM化が進むパワー半導体

ワーモジュールをケースに収納した後、制御基板を集積し、その上からエポキシ樹脂でパッケージしたものと思われます。外部端子も見えますが、大電流を流すだけあって、通常のLSIなどに比較すると大きいことがわかります。ぜひ、色々なパワー半導体メーカのカタログをご覧下さい。パッケージの大きさや種類やピンの数なども様々で、図表の例以外にもDIP*のものもあります。

パワーモジュールの例（図表6-6-1）

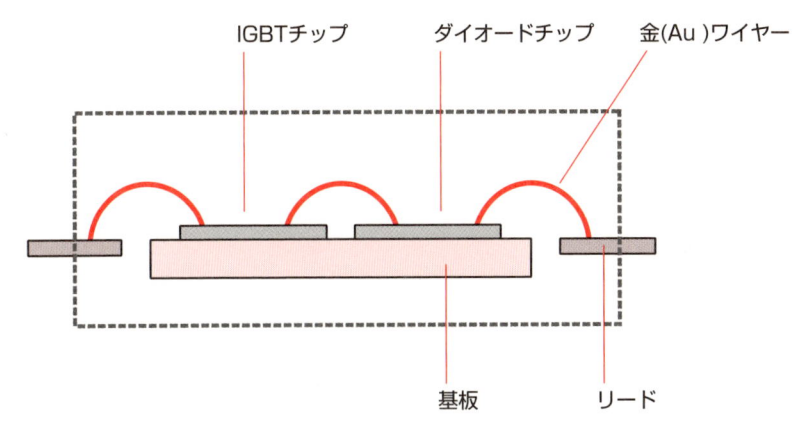

IGBTチップ　　ダイオードチップ　　金(Au)ワイヤー

基板　　リード

ひとつにパッケージ化する

パワーモジュールの回路の例（図表6-6-2）

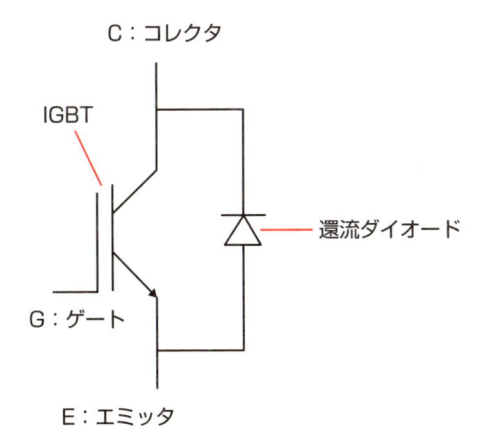

C：コレクタ

IGBT

還流ダイオード

G：ゲート

E：エミッタ

*DIP　Dual Inline Pinの略でパッケージの縦長方向の両側にアウターリードが付いているタイプ。昔のLSIはこのタイプが多い。

IPMの例（図表6-6-3）

写真提供：三菱電機株式会社

　図はIGBTのパワーモジュールの例です。IPMも前記のように色々な用途のものがラインナップされており、3-4で紹介したEV車用とか高耐圧用とか色々あります。AS-IPMといって、ユーザ仕様に合わせたものもあります。ASとは、Application Specificの略で、MOSロジックLSIのASIC（Application Specific IC）に相当します。

6-7

冷却とパワー半導体

ここではパワー半導体の損失が発熱になり、それを冷却するシステムが必要になるということを説明します。

▶▶ 半導体と冷却

半導体と発熱は切っても切れない関係です。比較的大きい電力を扱うトランジスタはヒートシンク付きで用いられます。オーディオアンプやスイッチング電源での出力トランジスタの後ろには大きなヒートシンクが付いているのが見られます。

パワー半導体ではないですが、読者の皆さんの身近な例として、PCを操作していると突然冷却用のファンの回る音が聞こえることはありませんか？　これは最先端のロジックではトランジスタでの発熱というよりは多層配線による発熱が問題になり、動作中に熱が発生した際、冷却ファンが作動するための現象です。1990年代半ば、初めてインテル社のpentiumのパッケージを見た時、生け花で使用する小型の剣山（けんざん）のようなヒートシンクらしきものが付いていたことを覚えています。

ましてや、大きな電力を扱うパワー半導体では大問題であることは直感的に理解できるのではないかと思います。いくら高効率のパワー半導体でも多少は熱に変換されます。周辺が高温になりやすい、特に3-5などで述べたHVやEV用のパワー半導体（モジュールも含め）では更なる高温対策が必要になるなど、個々のケースで色々異なります。ここでは一般的な対策に触れておくにとどめます。

▶▶ 色々な冷却対策

従来の例を挙げれば際限ないくらいの例がありますが、そのうちのいくつかの例を挙げておきます。ひとつの例としてヒートシンクの例を図表6-7-1に示します。ヒートシンクは平板状の部分にパワー半導体を戴置して、そこから発生する熱を多くの放熱フィンから放出するものです。ヒートシンクを強制的にファンで空冷したり、水冷したりするものがあります。

また、市販されているものの中にはヒートパイプを用いた例もあります。図表6-7-2に示しておきます。もちろん、これらパワー半導体モジュールの積層など集合

6-7 冷却とパワー半導体

体で使用する場合はフードなどに内蔵し、ファンで風冷したり、熱交換器で冷却するケースもあります。このようにパワー半導体と冷却は切っても切れない関係です。

▶▶ 最近のトピックス

　究極のパワー半導体は冷却不要となるものです。まだまだ、実用化は先と思いますが、我が国では産業総合研究所で冷却不要の新型パワー半導体素子の開発が行われています。Ru電極とダイヤモンド半導体を組み合わせたショットキーバリアダイオード*の実験的レベルで400℃以上でも使えるものを目指しています。

ヒートシンクの例（図表6-7-1）

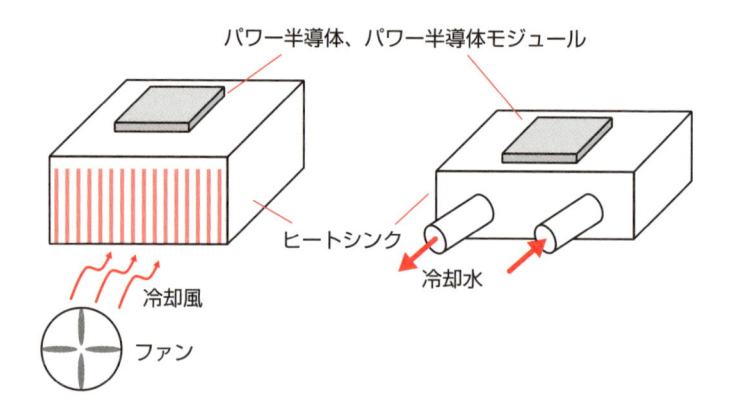

- パワー半導体、パワー半導体モジュール
- ヒートシンク
- 冷却水
- 冷却風
- ファン

ヒートパイプを用いた冷却モジュールの例（図表6-7-2）

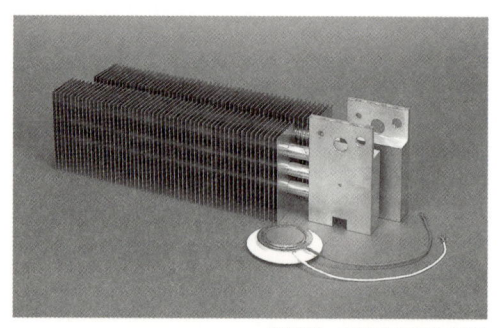

写真提供：古河電気工業株式会社

*ショットキーバリアダイオード　Schottky Barrier Diode。略してSBDとも記します。金属電極と半導体の組合せで整流ダイオードを構成するものです。半導体どうしの接合が不要というメリットがあります。シリコンのSBDは実用化されています。

第7章

シリコンの限界に挑む SiCとGaN

この章ではシリコンに替わるパワー半導体材料であるSiCやGaNを用いたパワー半導体の現状と課題を解説します。

図解入門
How-nual

7-1

シリコンの限界とは？

この章では第5章で紹介したシリコンに変わる基板材料であるSiCやGaNでパワー半導体を作った際の課題や対策について触れてゆきます。この節ではまず、シリコンの限界から見てみましょう。

▶▶ シリコンの限界

　半導体デバイスで一番使用されている基板材料はシリコンです。今後ともシリコンのシェアは一番だろうと思いますが、パワー半導体では第5章でも触れましたように新しい材料が望まれています。

　だいぶ前の話ですが、論理回路の高速化を達成するためには化合物半導体に比べてキャリア移動度が低いシリコンでは難しいと化合物半導体などを中心としたHEMTなどへの期待がありました。しかし、微細加工技術の進展に伴う高集積化技術も発展したことから、現状の先端MOS LSIではシリコンが主流です。パワー半導体でもシリコンの時代が続いてきたのはこれまで述べてきたとおりです。ところで2-6で説明したパワー半導体の課題であるオン抵抗と耐圧の関係に戻ります。個々のパワー半導体、特にMOSFET構造ではこのふたつの両立が困難なことを説明しました。

▶▶ シリコンでは原理的に耐圧は限界

　一方でパワー半導体では高速でスイッチングし、なおかつ、電力容量が大きいデバイスが、第6章などでも触れたように望まれています。高速化と電力容量の増加にはオン抵抗と耐圧の向上が欠かせません。しかし、オン抵抗と耐圧は図表7-1-1に示すようにトレードオフの関係にあり、両立は困難です。一方で5-5でも述べたようにシリコンの絶縁耐圧に比較して、ワイドギャップ半導体であるSiCやGaNは約10倍あります。したがって、図表7-1-2にシリコンと併せて模式的に描いたようにオン抵抗と耐圧のトレードオフ関係は変わりませんが、同じ耐圧ならオン抵抗を低減できるので、材料的なシリコンの限界は突破できるとしてSiCやGaNを用いたFETを作り、それをインバータに応用する開発が始まっています。

7-1 シリコンの限界とは？

以下の節で、具体的に触れてゆきます。もちろん、SiCやGaNには材料上や製造コスト上の課題も色々あることは第5章で説明したとおりです。

最後に誤解のないように記しておきますが、シリコンがパワー半導体からなくなるわけではありません。シリコンで十分なものはシリコンで済まされると思います。よりハイエンドを目指すものがSiCやGaNに置き換わってゆくと捉えて下さい。

耐圧とオン抵抗のトレードオフ（図表7-1-1）

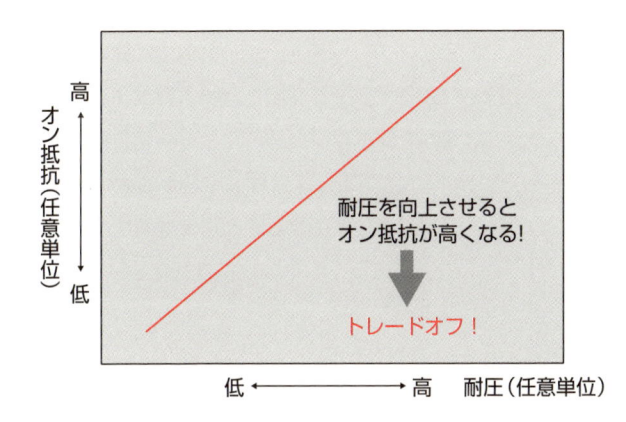

耐圧を向上させるとオン抵抗が高くなる！
→ トレードオフ！

縦軸：オン抵抗（任意単位）　高／低
横軸：耐圧（任意単位）　低→高

材料による耐圧とオン抵抗のトレードオフの比較（図表7-1-2）

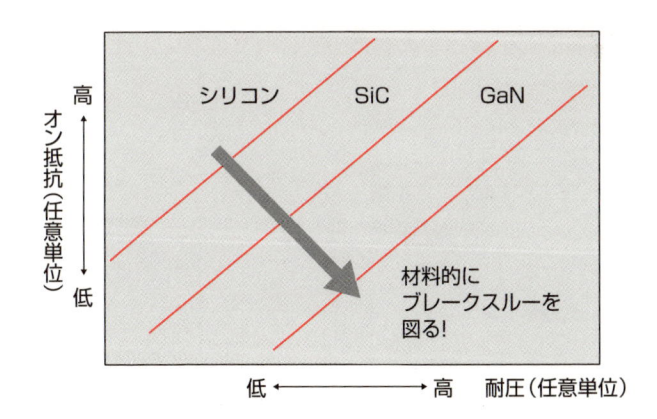

シリコン　SiC　GaN

材料的にブレークスルーを図る！

縦軸：オン抵抗（任意単位）　高／低
横軸：耐圧（任意単位）　低→高

7-2
SiCのメリットと課題とは？

シリコンよりも耐圧が大きいということで、第3章でも紹介したSiCが注目されていますが、課題もあります。ここでは、製造コストの件は第5章で触れていますので、パワー半導体としての技術的な課題を解説します。

▶▶ SiCのメリット

　パワー半導体材料としてのSiCのメリットを、第5章以上に掘り下げて、具体的に見ておきましょう。SiCはMOSFETの形で実用化されています。つまり、シリコンパワーMOSFETの材料的な限界をシリコンからSiCに基板材料を替えることでブレークスルーを図るものですが、SiC FETのメリットのひとつは、多少の違いはあるものの、シリコンMOSFETのプロセスを踏襲できることが考えられます。一方でデメリットとしては、シリコンのように種々の不純物領域を作り、IGBTのような構造を作りにくいという面はあります。

　更にSiCのメリットとしては、図表5-5-2で示したようにシリコンに比較すると10倍の絶縁耐圧があることです。ということは絶縁耐圧用の低不純物領域の厚さを十分の一にできるわけですから、デバイスの小型化が図れます。それを図表7-2-1に示します。

材料を変えることでのパワー半導体の小型化（図表7-2-1）

(a) シリコンMOSFET → (b) SiC FET

7-2 SiCのメリットと課題とは？

一方、別の視点に立てば、同じ大きさなら10倍の耐圧が得られるということになりますから、大電力の高速スイッチングに向いています。更に耐熱性も向上するので高温での動作も可能になります。

▶▶ SiCのFETの構造

SiC FETもシリコンパワーMOSFET同様、大きな電流を流しますので基板方向に縦に電流を流すタイプの構造になっています。図表7-2-2にMOSFETの二重拡散型に相当する構造のSiC FETの模式図を示します。同じ構造を採るので、シリコンMOSFETのプロセスを踏襲できるメリットがあるということがお分かりいただけると思います。

プレーナ型SiC FETの模式図（図表7-2-2）

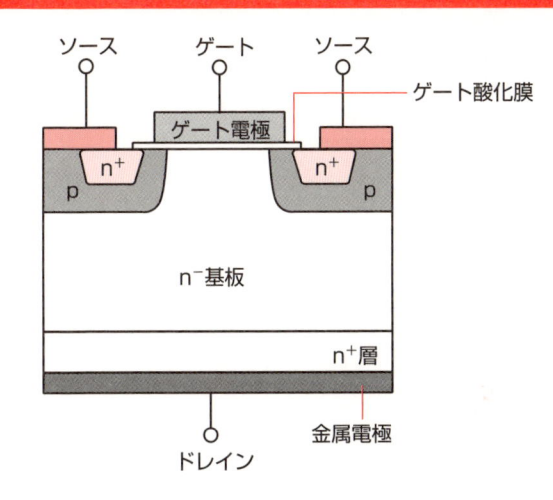

一方で更に小型化を指向して、図表7-2-3に示すようにトレンチ型の構造も実用化されています。これもシリコンMOSFETの方向性と同じものです。

トレンチ型SiC FETの模式図（図表7-2-3）

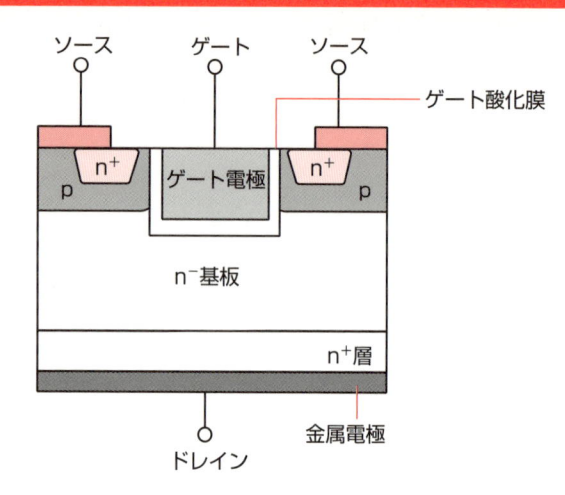

課題も山積

　しかし、課題も山積しています。ひとつはオン抵抗です。今まで試作されたSiCのパワーMOSFETのオン抵抗は理論的限界値よりは、まだかなり大きいものになっています。これはひとつにはSiO_2/SiC界面の界面は、シリコンのMOSFETの場合のSiO_2/Si界面の界面のように界面準位の少ないものができていないことが考えられます。図表7-2-4にSiO_2/Si界面の模式図を示しますが、それぞれの結合の手の数の差からダングリングボンドという未結合手が形成されています。SiO_2/SiC界面の場合は更にこのダングリングボンドが増えている可能性があります。

　一方、上記の原因はまだチャネル移動度が低いことに原因があると考えられています。現在、SiCの代表的な結晶は4Hと呼ばれる六方晶形のものですが、同じ4Hでも結晶面でチャネル移動度が異なるので、色々研究されています。

SiO_2/Si界面のモデル（図表7-2-4）

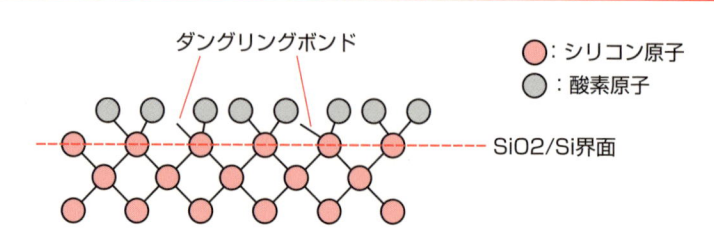

7-3

実用化が進むSiCインバータ

前節で述べたようにシリコンに変わる材料として、SiCが注目されています。ここではシリコンからSiCパワー半導体への実用化を図る場合の例を紹介しておきます。

▶▶ SiCの応用

色々応用はあるのですが、SiCのもうひとつのメリットとして耐熱性が高いということが挙げられます。特に車のように内部が高温になる場所では、そのメリットが生かされます。ここでは耐熱性なども考慮して、EVのモータ用のインバータに応用する例を示します。現状はシリコンのIGBTなどが使用されていますが、SiCにすれば更に小型化が可能でエコ対策になりますし、電力損失も低減できるので、更なるエコ対策になるというものです。3-4にも記しましたが、EVでは車載の電源はバッテリーになりますので、直流電源です。それをまずコンバータで昇圧し、更にインバータで誘導モータ用の三相交流に変換する必要があります。昇圧・降圧の必要性は3-4で説明していますので、ここでは実際の昇圧・降圧の原理と回路を説明します。第6章ではページ等の関係で説明できなかったので、ここで説明しておきます。図表7-3-1を見て下さい。

昇圧・降圧チョッパーの原理（図表7-3-1）

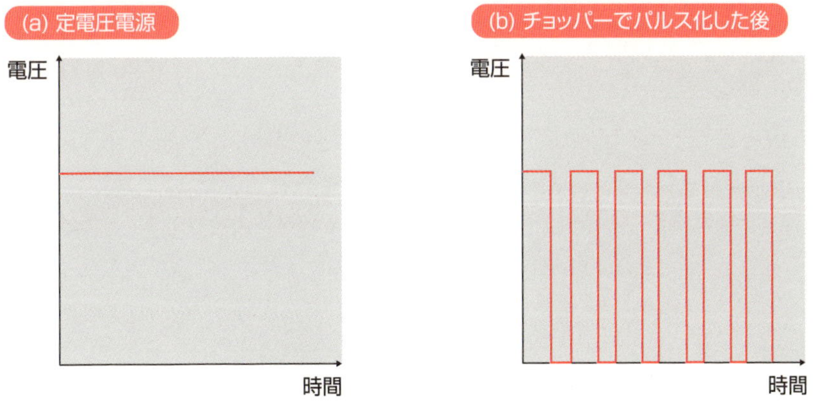

(a) 定電圧電源

(b) チョッパーでパルス化した後

7-3 実用化が進むSiCインバータ

　まずはトランジスタなどスイッチング作用を利用して、右側の図のように直流電圧をチョッパー(chopper)でパルス化します。チョッパーとは空手チョップと同じ語から来ているように文字どおり、細切れにしてパルス化するわけです。次にこのパルス化した直流電圧を降圧・昇圧するケースについてふれます。

　降圧チョッパーではトランジスタがオンになると負荷は高電圧電源（E_H）につながり、オフするとダイオード経由で低電圧電源（電圧E_L）につながります。オンの時は図の左側の回路を、オフの時は図の右側の回路を電流が流れるわけです。オンとオフの時間比（デューティー比）を替えてやると電源より低い電圧に変換することができます。

　昇圧の場合は紙面の関係上、省略しますが、オン・オフ比を替えて望みの電圧にするところは同じです。要はパワー半導体の高速スイッチング動作をうまく利用するものと理解して下さい。降圧と昇圧の場合は図表7-3-2に示すように高電圧電源と低電圧電源の配置を替えています。

電圧変換のチョッパー回路の例（図表7-3-2）

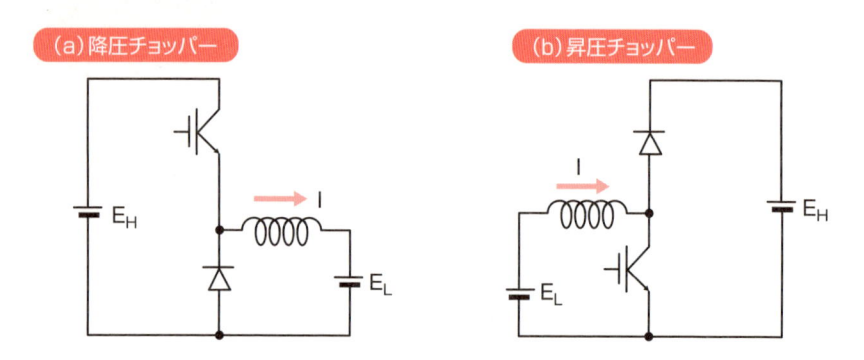

(a) 降圧チョッパー

(b) 昇圧チョッパー

　一方、SiCインバータによる交流化の場合を図表7-3-3に示します。直流電源を図に示すような回路で三相交流化して、誘導モータを駆動するわけです。ここでは便宜上、シリコンのIGBTを使用した例で示します。なお、ダイオードが組み込まれていますが、これは還流ダイオードと呼ばれ、IGBTがオフになったときに過剰な電流を還流するためのものです。これもIGBTのところに書ききれなかったので、ここで補足させてもらいました。このIGBTとダイオードの組合せをSiC化するわけです。

7-3 実用化が進むSiCインバータ

インバータによる誘導モータ駆動の回路図（図表7-3-3）

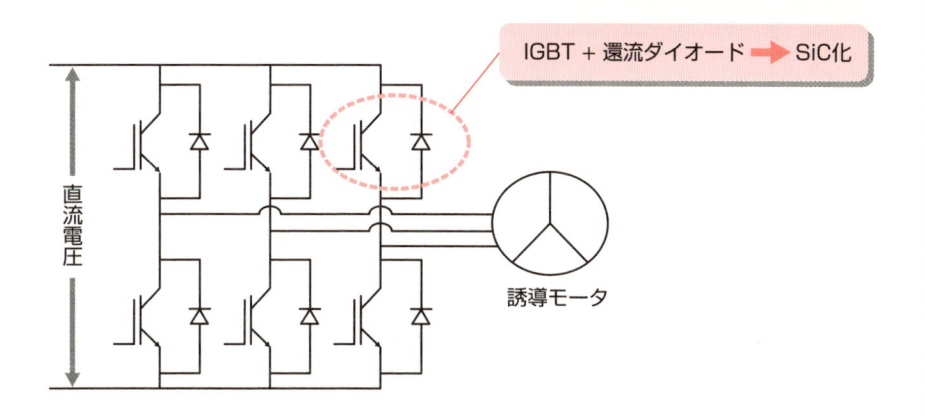

IGBT＋還流ダイオード ➡ SiC化

直流電圧

誘導モータ

　最後にSiCとシリコンの棲み分けですが、図表7-3-4に模式的に描いておきましたが、シリコンが果たせない領域をカバーすることが考えられています。これはGaNも同じです。

SiCのカバー領域の模式図（図表7-3-4）

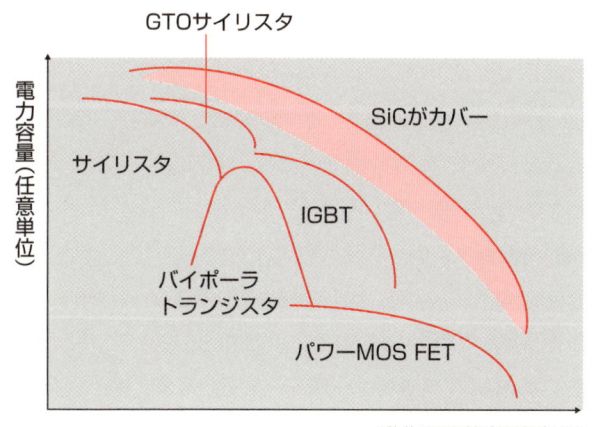

電力容量（任意単位）

GTOサイリスタ
サイリスタ
SiCがカバー
IGBT
バイポーラトランジスタ
パワーMOS FET

動作周波数（任意単位）

出典：種々の資料に基づき作成

7-4

GaNのメリットと課題

　SiCと同じようにシリコンよりも材料的に耐圧が大きいということで、第5章でも紹介したGaNが注目されていますが、課題もあります。ここではGaNのパワー半導体デバイスとしての技術的な課題を解説します。

▶▶ デバイスの課題は色々

　GaNの場合もシリコンパワーMOSFETの材料的な限界を、シリコンからGaNに基板材料を替えることで、ブレークスルーを図るものであり、多少の違いはあるものの、MOSFETのプロセスを踏襲できるというメリットもあります。一方でSiCと同様にシリコンのように種々の不純物領域を作り、IGBTのような構造を作りにくいという面はあります。

　ここではデバイスの課題を見てゆきます。まず第一に、GaNでは**縦型**のFETの構造が困難という課題があります。現在公表されているものでは**横型**のFETです。なぜかというとウェーハの構造上の制約です。第5章で触れたようにGaN基板はSiウェーハ上にヘテロエピタキシャル成長して得られています。基本的にウェーハの厚さ方向にFETを作る縦型は困難です。

　一方で、研究開発段階ですが、縦型のFETの開発を行なっているところもあります。この場合はもちろんGaNウェーハを使用することになります。このため、コストを比較すると縦型の方が高くなりますが、電流を縦方向に流せるため、出力は10kW以上と高いのがメリットです。したがって、例えばEV用のインバータへの応用を考えた場合、高い電圧（大電力）の主機には縦型、低い電圧（小電力）でいい補機には横型という将来構想を自動車メーカは考えているようです。なお、主機、補機については3-4をもう一度見て下さい。縦型、横型の構造を図表7-4-1に示しておきます。

　少し解説を加える必要がありますが、横型の場合はシリコンの上にヘテロエピタキシャル成長させていますので、**バッファー層**を挟んでいます。図のi型とは意図的にn型やp型の不純物を含んでいないという意味で、iはintrinsic（真性領域）の略です。もっともGaNの場合は図示していませんが、ソース、ドレイン電極とオーミックコンタクト*を取るためにn型のAlGaNをやはりヘテロエピタキシャル成長させています。

＊オーミックコンタクト　金属電極と半導体がオームの法則が成り立つ伝導性があることです。反対はショットキー接合です。

7-4 GaNのメリットと課題

GaN FETではデバイスの信頼性という問題もあります。車載用に応用する場合は特に通常より厳しい信頼性が必要です。

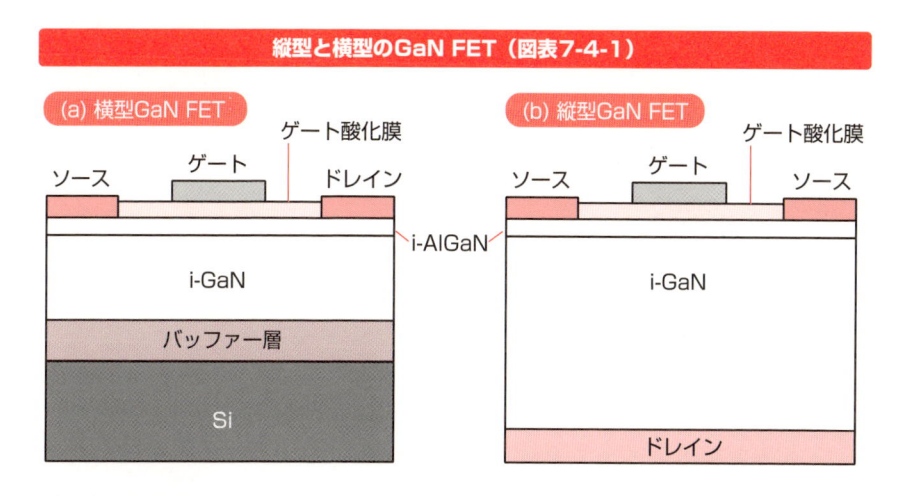

縦型と横型のGaN FET（図表7-4-1）

(a) 横型GaN FET

(b) 縦型GaN FET

その他の課題

電流コラプスという課題もあります。これはむしろ、7-5で簡単に触れるGaNのHEMTでも問題になることですが、低電圧動作時のオン抵抗に比較して、高電圧動作時のオン抵抗が高くなってしまう現象です。これは高電圧動作時にキャリアである電子がチャネルから飛び出して、半導体領域と表面保護層の間の界面にトラップされることによると考えられています。そのメカニズムを図表7-4-2に示してみました。パワー半導体に応用した場合は電力損失になるので、避けなければならない現象です。表面保護層の形成法の工夫などで対策を考えています。

電流コラプス（図表7-4-2）

7-5

GaNでノーマリーオフへ挑戦！

ここでもGaNでパワーMOSFETを作った時の技術的な課題を解説します。それがノーマリーオフ化です。これはGaNでのみ問題になることです。

▶▶ 蓋が閉じなくては困る

まず、**ノーマリーオフ**＊とは何でしょう？ MOSFETに詳しい方ならご存知だと思いますが、そうでない方もいると思いますので、まず簡単にノーマリーオフとそれの対比である**ノーマリーオン**に触れます。

ノーマリーオフ型とはMOSFETの用語でゲートに電圧を印加しない状態ではMOSFETがオフになっている状態のことです。この現象を"閉じる"とか"蓋ができる"とか現場ではいうこともあります。

これをMOSFETの**サブスレショルド特性**というグラフにしてみると図表7-5-1に示すようになります。

ノーマリーオフとノーマリーオンの比較（図表7-5-1）

(a) ノーマリーオフ

(b) ノーマリーオン

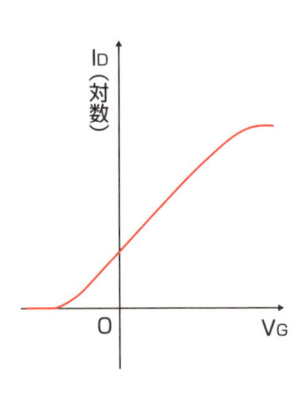

サブスレショルド特性とは横軸にゲート電圧V_G、縦軸にドレイン電流I_D（オン電流）を対数でとったもので、MOSFETの速度を示す特性です。グラフの線が立って

＊**ノーマリーオフ** MOSトランジスタではエンハンスメント型と通常いいます。対して、ノーマリーオン型をディプレッション型といいます。パワー半導体ではトランジスタのスイッチング特性を問題にするのでこのような呼び方が普及していると推測しています。

7-5 GaNでノーマリーオフへ挑戦！

いるほど、立ち上がりが速いということです。ノーマリーオフではゲート電圧が0では、まだMOSFETがオンしていません。一方、ノーマリーオンではゲート電圧が0でもMOSFETがオンしています（ドレイン電流が流れている）。ゲート電圧を印加しない状態でMOSFETがオンすることはリーク電流があるということで、損失につながります。

　GaNは難しい言葉でいいますと固体物性的にシリコンに比較すると**二次元電子ガス密度**が高い、即ち、電子の移動が大きいわけで、この現象が起こります。大胆にいえば、何もしなくてもゲートの下のキャリア密度が大きくなり、自然にチャネルができていると理解してもよいでしょう。その対比を図7-5-2に示しておきます。

ノーマリーオンのメカニズム（図表7-5-2）

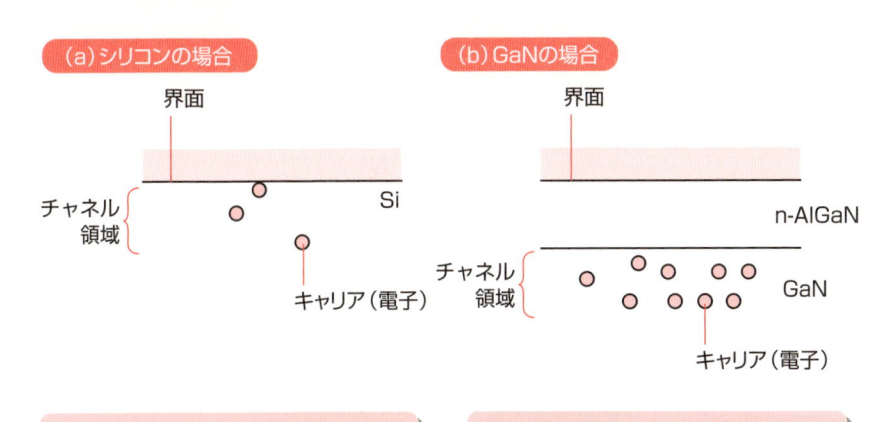

（a）シリコンの場合
- 界面
- チャネル領域
- Si
- キャリア（電子）
- ゲート電圧を印加しないと反転しない（キャリア（電子）密度が殆どない）

（b）GaNの場合
- 界面
- n-AlGaN
- チャネル領域
- GaN
- キャリア（電子）
- ゲート電圧を印加しなくともキャリア（電子）密度が十分高い

▶▶ ノーマリーオフのメリットとは？

　パワー半導体では高速スイッチングが重要ですから、2-4でも触れたように通常はノーマリーオフ型が用いられます。

　例えば、GaNを自動車用インバータのパワー半導体に用いる場合を考えますと、制御回路の簡素化やフェールセーフ*の原理から、一般にノーマリーオフが用いられます。また、直流コンバータとして用いる場合もノーマリーオフ動作が必要になります。

＊**フェールセーフ**（fail safe）　安全工学、信頼性工学の用語で装置・機器、システムなどが誤動作や誤操作しても常に安全に動作するようにすること。

▶▶ ノーマリーオフ化の対策

　GaN FETは前記のように自然とチャネルができているような状態ですから、ノーマリーオフ化には通常の構造では駄目であることは容易に推測が付くと思います。つまり、ゲートの閾値電圧を上げてやる必要があることからゲートとチャネル形成領域を近づける必要があります。したがって、対策としては**リセス化**などが考えられています。図表7-5-3にリセス化の模式的な構造を示します。ここではゲートの下のAlGaN層に溝を形成するものです。もちろん、プロセスが複雑になるというデメリットもありますので、現在色々開発が進んでいます。

　なお、紙面の都合上、ノーマリーオフ化の代表としてリセス化を紹介しましたが、色々な構造が提案されているのが現状です。

リセス構造型のGaN FET（図表7-5-3）

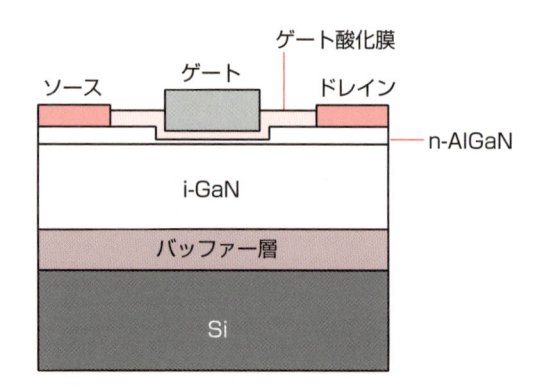

（ソース／ゲート／ドレイン／ゲート酸化膜／n-AlGaN／i-GaN／バッファー層／Si）

▶▶ GaNの魅力

　パワー半導体以外にもGaNの高速性を生かして、**HEMT**（High Electron Mobility Transistor）という高速トランジスタを作っています。モバイルWiMAX用*の送信向けの高速、増幅デバイスです。

　また、動作の原理などはまったく異なりますが、GaNは青色発光ダイオードの材料にもなっていますし、ブルーレイの読み出し用の短波長レーザに採用されています。このようにGaNは応用の幅の広い"旬"の半導体材料になっています。

＊**WiMAX**　Worldwide Interoperability for Microwave Accessの略です。高速・大容量のモバイルブロードバンド通信のことです。

第8章

パワー半導体が拓く未来予想図

最後のこの章ではパワー半導体が拓く21世紀の未来予想図のようなトピックスを取り上げてみました。読み物として読んでいただいても構わないと思います。併せて、パワー半導体に期待されるものも含めました。

図解入門
How-nual

8-1 グリーンディール政策とパワー半導体

　最後の本章では、パワー半導体が切り開くであろう今後の未来予想図を考えてゆきたいと思います。すべてについては触れられないので、ここでは現在話題になっているトピックスに絞り見てゆきます。まずはグリーンディール政策です。

▶▶ グリーンディール政策とは？

　米国オバマ大統領はクリーンエネルギーに投資し、全米送電網を近代化（スマートグリッド化）する景気刺激策を発表しています。グリーンディールは1930年代、米国の不景気対策として行なわれたニューディール政策にかけているものと思われますが、注目してゆく必要があります。

　米国だけでなく、リーマンショック以降の景気浮揚策として、各国版**グリーンディール政策**というべきものが発表されています。世界各国の動きですが、米国では太陽光や風力など"再生可能エネルギー"や、高速鉄道網や送電線網の近代化などの**クリーンエネルギー**事業に今後10年で1500億ドルを投資、欧州では、英国でやはり風力発電に2020年までに1000億ドルを投資、ドイツでも2020年まで再生可能エネルギー関連事業などでの雇用促進計画を進めています。フランスでもやはり環境分野での雇用促進を定めています。

　隣国の韓国では大統領直属のグリーン委員会を立ち上げるなど、前向きの取り組みを行なっています。エコカーの普及や太陽熱といった再生可能なエネルギー開発投資に2012年まで約3兆5千億円の投資を行なう予定です。中国でも景気対策を兼ねて環境・エネルギー分野に投資しています。このようにグリーンディール政策はいまや全世界的潮流になっており、乗り遅れる手はありません。"クリーンエネルギー"、"再生可能なエネルギー"がキーワードのようです。筆者なりにまとめると図表8-1-1に示すように再生可能なエネルギー源の開発、低環境負荷交通インフラの構築、次世代送電網（スマートグリッド）の設置などになるかと思います。加えて、それらの事業の推進による雇用の創出が最重要課題です。これらの中で、パワー半導体の市場も伸びてゆくものと予想されます。

8-1 グリーンディール政策とパワー半導体

▶▶ 電源の多様化

3-2で説明した従来の発電・送電インフラに加え、再生可能な風力発電、太陽光発電などの大規模発電所も含めた電源や、燃料電池などの小規模電源、あるいは移動可能な電源といってもいいかも知れませんが、いろいろなレベルでの分散型電源が必要になり、これらが次に述べるスマートグリッドの中で、従来のインフラとは一線を画したパワーサプライ源になることはいうまでもありません。風力発電所はウインドファームとか呼ばれ、大規模太陽光発電設備はメガソーラなどと呼ばれるように時代を代表するキーワードになるかも知れません。

我が国でも上記の件に関して、色々な取り組みが行なわれていることはご存知のとおりです。また、我々の生活に直接関係する身近なものではエコポイントの導入によるグリーン家電の普及の促進事業や、住宅エコポイントの導入によるソーラーシステムの導入などが記憶に新しいところです。

グリーンディール政策の概要（図表8-1-1）

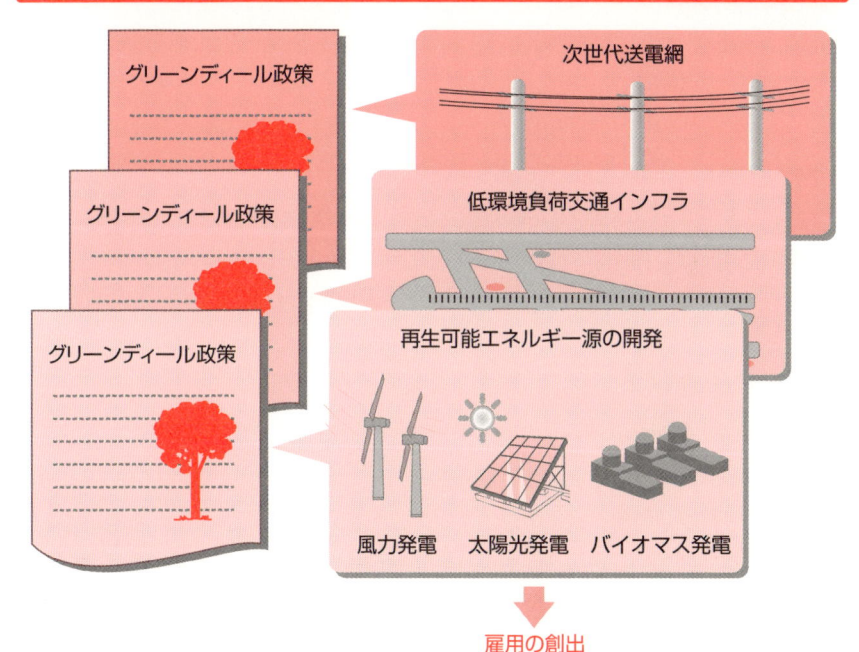

グリーンディール政策 → 次世代送電網
グリーンディール政策 → 低環境負荷交通インフラ
グリーンディール政策 → 再生可能エネルギー源の開発
　風力発電　太陽光発電　バイオマス発電
　　　　　↓
　　　雇用の創出

第8章　パワー半導体が拓く未来予想図

8-2 スマートグリッドとパワー半導体

21世紀の次世代送電網としてスマートグリッドが注目されています。ここでは全体を俯瞰する意味でスマートグリッドとパワー半導体の関係を述べてみます。

▶▶ スマートグリッドとは？

　最近、**スマートグリッド**という言葉を聞いたことはありませんか？　電力網の21世紀的インフラは"スマートグリッド"(smart grid) と呼ばれ、強いて訳せば "賢い電力網" とでもなるのでしょうか？　グリッドというと筆者などは真空管のグリッドを思い出す世代ですが、21世紀はスマートグリッドの時代です。これは "エネルギーのネットワーク網" という意味で筆者は興味を持っています。

　スマートグリッドとは、既存の**集中型大規模電源**と太陽電池などに代表されるような再生可能なエネルギーを用いた**分散型電源**の大量設置に向けての送配電網の一体化による運用、更には高速通信ネットワーク技術を活用し、大規模電源や分散型電源と供給側の需要をトータルに管理するものです。もちろん、余剰エネルギーはグリッド網に回収され、再利用されます。この際の電力変換の働きをするのがパワー半導体であることはいうまでもありません。

　また、これらの送電網から工場、商用施設、官公庁やオフィス、一般家庭への配電も回収も含めて、"賢く" 行なわれるわけです。我々の住居も多様な電源に守られるというイメージです。それを図表8-2-1にまとめています。

▶▶ スマートが流行？

　余談ですが、最近はスマートフォンに代表されるように "スマート" を付ける語がはやっているようです。さる大手IT企業もスマートプラネット（Smarter Planet）なるCMを入れています。ハイテク、インテリジェントなものはスマートということでしょうか？　21世紀型というか次世代電力系統と呼ぶべきでしょうか？　スマートグリッドへの取り組みを加速させていかなければならないと思います。

　図表8-2-2には欧米で既に導入が始まり、我が国でも東京電力が昨年から実証実

8-2 スマートグリッドとパワー半導体

スマートグリッドになると何が変わるか（図表8-2-1）

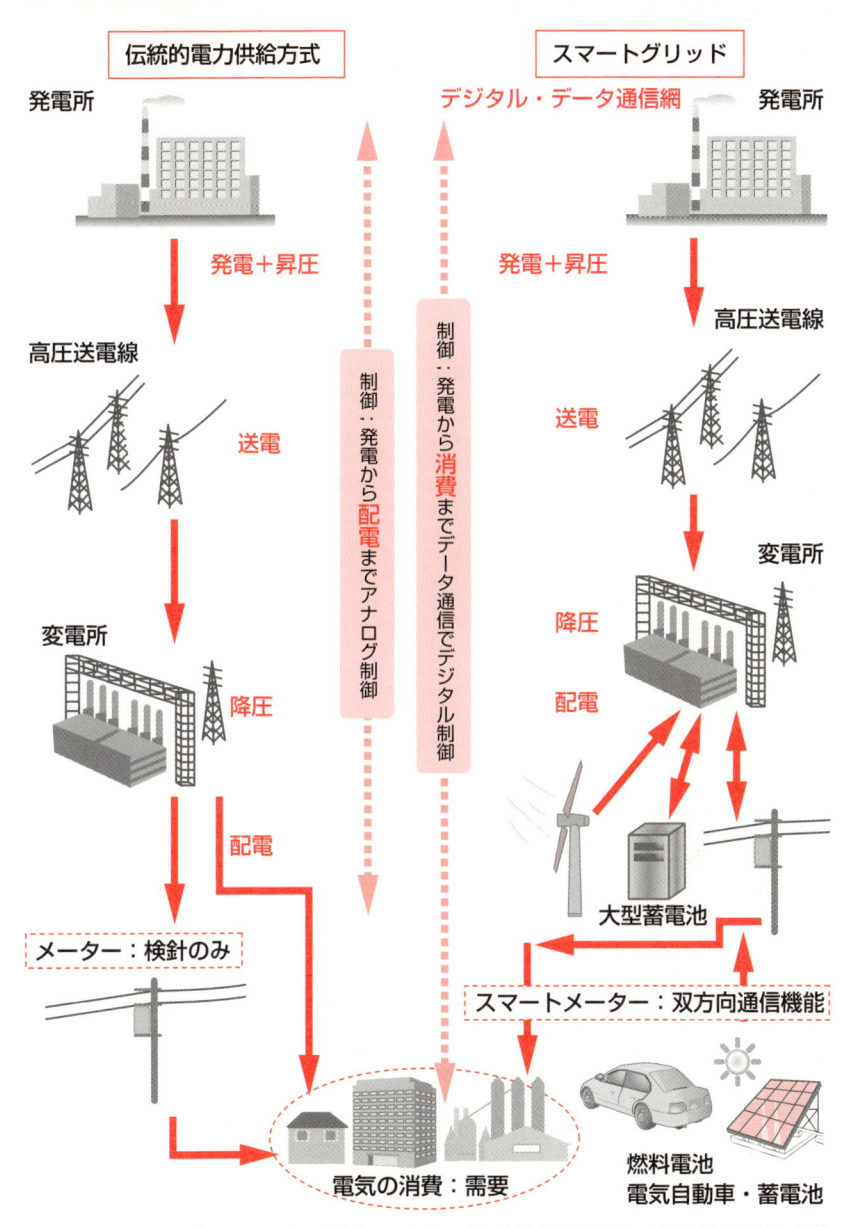

伝統的電力供給方式

発電所

発電＋昇圧

高圧送電線

送電

変電所

降圧

配電

メーター：検針のみ

デジタル・データ通信網

制御：発電から配電までアナログ制御

制御：発電から消費までデータ通信でデジタル制御

スマートグリッド

発電所

発電＋昇圧

高圧送電線

送電

変電所

降圧

配電

大型蓄電池

スマートメーター：双方向通信機能

電気の消費：需要

燃料電池
電気自動車・蓄電池

*山藤泰『図解入門よくわかる最新スマートグリッドの基本と仕組み』（秀和システム）より許可を得て転載

8-2 スマートグリッドとパワー半導体

験を始めたスマートメータ（通信機能付きの電力量計）の例を示しておきます。

スマートメータの例（図表8-2-2）

©EVB Energy Ltd

▶▶ 標準化に向けて

　スマートグリッドに色々なパワー半導体が使用されてゆくことは間違いありません。ただ、応用分野も広く、国内はいうに及ばず、国際的にも普及が望まれます。そのためには標準化を考えてゆく必要があります。例えば、EV車への急速充電方式でも各国で色々あることが議論になっています。このような状況下で、米国では商務省（United State Department of Commerce）傘下のNIST（Natioanl Institute of Standards and Technology：国立標準技術研究所）が中心になって標準化に向けた作業を行なっているようです。

　我が国でも日本工業標準調査会（JISC：Jananese Industrial Standards Committee）が中心になって、上記の活動を参考に標準化に向けての技術アイテムの抽出にあたっているようです。個々の動きも大事ですが、全体を整合性のあるものにしていく必要があります。上記委員会では七つの分野に分けて活動してゆくようですが、ますますパワー半導体の出番が増えるものと思われます。

　上で述べたEV車への急速充電では我が国ではチャデモ（CHAdeMO）方式を進

8-2 スマートグリッドとパワー半導体

めていますが、ドイツや米国では、それぞれ別の方式を進めています。国際標準をめぐっては、我が国は苦い経験をしてきました。特に携帯電話では技術的には優位でしたが、それが逆にあだになった形で国内の市場競争に追われ、「ガラパゴス化」してしまい、国際競争力を失ってしまうという苦い経験をしました。この分野では、その二の舞いを演じないことが重要です。上記の標準化活動とは少し異なるかもしれませんが、紹介しておきます。

参考までにスマートメータの件を補足しておきますと、EU統合の際、電力の周波数を統一した欧州では試験的なケースも含めて、普及が進んでいるようです。マルタ共和国（国土面積が東京23区の半分ほど）のように全国的にスマートメータの促進を進めやすいというモデルケースのようなものから、先進国ではイタリアのように早くから取り組んでいる国もあります。全世界的にもこれからのスマートグリッド化の中で推進されてゆくと思います。スマートグリッドは今まで一方向だった電力の流れを、双方向からネットワーク化するものであり、図表8-2-3に示すように左側の従来のインフラから将来は右側のインテリジェントなインフラに変えてゆく必要があると思います。コストや従来インフラの地域ごとの違い、標準化など課題も山積していますが、特に天災の際のリソース分散の観点からも今後議論だけでなく、実行も進めて行かなければならないと思います。

もちろん、電力だけでなく、ガスのメータにも応用が考えられており、我が国でも東京ガスが2010年度から試験導入しています。

スマートグリッドとスマートメータ（図表8-2-3）

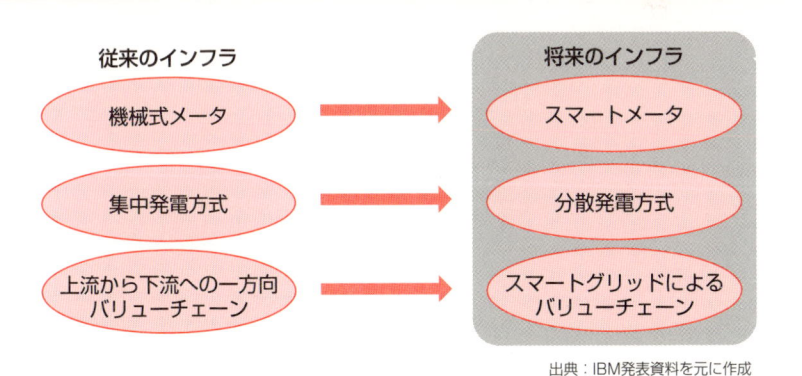

従来のインフラ		将来のインフラ
機械式メータ	→	スマートメータ
集中発電方式	→	分散発電方式
上流から下流への一方向バリューチェーン	→	スマートグリッドによるバリューチェーン

出典：IBM発表資料を元に作成

8-3 メガソーラに欠かせないパワー半導体

グリーンディール政策とともに欠かせないキーワードがクリーンエネルギーです。その最たるものが太陽電池です。

太陽電池とは？

太陽電池という言葉が一般的になっていますが、これは英語のsolar cellを訳したものであり通常の電池のように思われがちですが、一般的に使用される一次電池や二次電池と同じ意味の電池ではありません。正確には太陽光の光電変換装置と呼ぶものでしょう。特許の名称などでは光電変換装置の表記が使用されることもあります。

この太陽電池の仕組みを簡単に説明しましょう。図表8-3-1に示すように半導体のpn接合（ここでもpn接合は重要な役割をします）付近で太陽光を吸収させ、発生した電子と正孔をそれぞれ別の方向に集め、起電力を発生させ、光エネルギーを電気エネルギーに変換するものです。3-6に記した発光ダイオードのpn接合とは逆の作用であることがわかると思います。

太陽電池の原理（シリコン結晶の例）（図表8-3-1）

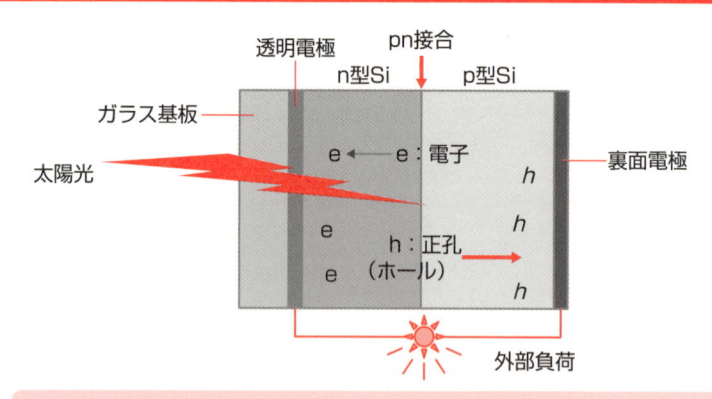

注） ・光(可視光)エネルギーを電気エネルギーに変換→エネルギー変換装置
・蓄電機能は有していない

このように太陽電池は電池として電気エネルギーを貯めておき、必要な時に取り出せるものではありません。そこで、太陽電池で作られた電気エネルギーは別に設置した蓄電池に保存しておきます。この大規模なものがいわゆる**メガソーラ**です。

　太陽電池で作られる電気は各セルを直列に配列することで直流電圧の電気として取り出すことができます。これを交流に変えてやる必要がここでも生じます。

▶▶ パワー半導体はどこに使用される？

　太陽電地では、直列につないでも商用電源としてすぐには使用できません。そのために昇圧して、直流を交流に変換する必要があります。ここでも7-3で記した昇圧回路とインバータが活躍するわけです。それを**パワーコンディショナー**といいますが、模式的に図表8-3-2に示してみました。

　このパワーコンディショナー（略してパワコンと呼ばれます）は産業用から住宅用まで需要が見込まれるため、色々な参入メーカが存在してます。我が国では住宅用ではシャープ、三洋電機、京セラ、三菱重工、カネカ、ホンダソルテックなど太陽電池を作っているメーカが、産業用ですと明電舎やダイヘン、日新電機など重電関連企業や山洋電気、三社電機、GSユアサ、OKIパワーテックなどが参入しています。

　欧州ではSMAというドイツの会社が欧州シェアのかなりを占めています。

太陽電池でのパワー半導体の役割（図表8-3-2）

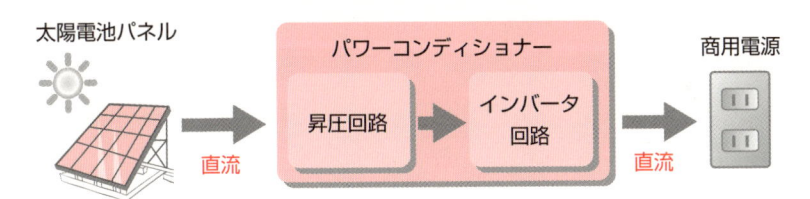

太陽電池パネル → 直流 → パワーコンディショナー（昇圧回路 → インバータ回路）→ 直流 → 商用電源

▶▶ メガソーラ計画

　参考までですが、我が国でも2020年までに14MkWのメガソーラ計画があり、シャープの堺工場で2011年から始まるように実用化が加速されています。各電力会社8社（北海道、東北、東京、中部、北陸、関西、四国、九州の各社）もメガソーラ計画を打ち上げています。

8-4

燃料電池とパワーデバイス

電気自動車には燃料電池が使用されることも考えられています。また、家庭用のクリーンな電源としても考えられています。この燃料電池も従来の電池とは異なる位置付けの電池です。

▶▶ クリーンな生成物を出す燃料電池

　我が国の自動車メーカやエネルギー関連企業では2015年の実用化を目指して燃料電池搭載の電気自動車の開発を進めています。**燃料電池**が耳慣れない方もいるかと思いますので、少し説明します。

　燃料電池の歴史は古く、19世紀初頭にはその原理が考案されていました。ただ、一般的な実用化は進みませんでした。21世紀は"環境・エネルギーの時代"といわれ、その中でも"水素エネルギーの時代"ともいわれます。この水素エネルギーを使うシステムが燃料電池であり、今後の普及が注目されます。燃料電池が環境の面でも注目を集めているのは、この電池では反応生成物が水なので、クリーンな発電が可能だからです。燃料電池の原理を図表8-4-1で説明しますが、これは水の電気分解＊と逆の反応を利用するものといえます。即ち、水素と酸素を反応させ、その時発生する電気エネルギーを利用するものです。それが水素エネルギーといわれる理由です。

　上記のように化学的には不可逆反応ですので、充電はできませんが、水素や酸素の補充という形で、見かけ上は充電可能な電池になります。また、電解質の材料が鍵になり、アルカリ型、リン酸型など色々な手法が考えられています。

▶▶ 自動車への応用

　この燃料電池をEVのモータ駆動に応用することが考えられています。発生する電圧を、やはりコンバータやインバータで昇圧、交流変換し、モータを駆動する形になります。その模式図を図表8-4-2に示しました。

　問題は水素ガスの安全な供給ステーションというインフラをどう整備するかということでしょう。また、水素をどのように作るかという課題もあります。

＊水の電気分解　水に電解質を入れて正極と負極のふたつの電極間に電流を流すと正極に酸素、負極に水素が発生します。

8-4 燃料電池とパワーデバイス

燃料電池の原理（図表8-4-1）

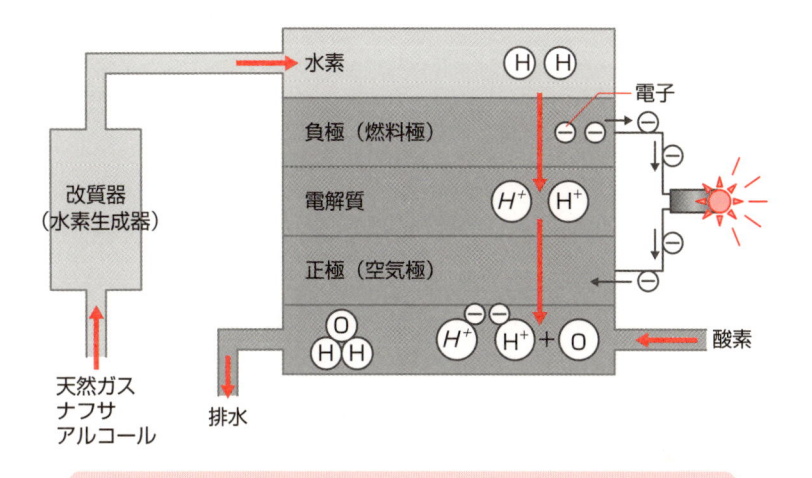

1. 原料より改質器で水素を抽出して、送り込まれた水素ガスは負極で高温に加熱され、電子を放出します。
2. 水素イオンとなり、電解質を移動して正極の酸素に引き付けられます。
3. 負極の電子は導線で接続されると正極に流れ、電流が発生します。
4. 正極（空気極）側で水素イオン、電子、酸素で水が生成され排出されます。

燃料電池自動車の模式図（図表8-4-2）

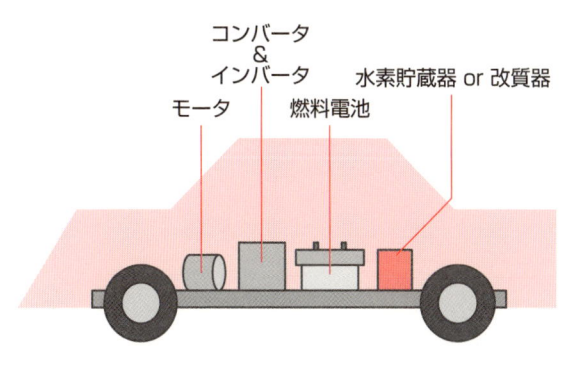

第8章 パワー半導体が拓く未来予想図

家庭用燃料電池とは？

　燃料電池は上記のようにクリーンな発電技術として注目され、一般家庭にも家庭用燃料電池システムとして、普及が考えられています。車載用とは異なる定置用の用途です。この場合は都市ガス、灯油、LPガスなどから燃料となる水素を取り出し、空気中の酸素と反応させて発電するシステムですが、この反応の際、発生する熱で給湯にも利用でき、**コージェネレーション・システム**＊としても活用できます。出力は1～5kWのものが中心です。我が国でも主要ガス会社や石油元売り企業が、システムメーカと組んで市場参入しております。

　例えば、都市ガスを用いたガスコージェネレーションの場合は、ガスを燃焼させて発生した熱でガスタービンで発電を行ない、一方、その排熱を利用して冷暖房や給湯を行なうものです。同時に発熱した排熱を利用するので、コージェネレーション（cogeneration）と呼びます。

　ただし、やはり前述のような原理で発電しますので直流になります。家庭用電源として使用するには昇圧して交流に変えてやる必要があります。このために必要になるのがやはり太陽電池でも出てきたパワーコンディショナーです。同じような図になりますが、図表8-4-3に挙げておきます。この家庭用の燃料電池もクリーンエネルギー源ということで挙げてみました。

燃料電池とパワーコンディショナーの模式図（図表8-4-3）

燃料電池 → 直流 → パワーコンディショナー（昇圧回路 → インバータ回路）→ 直流 → 商用電源

＊**コージェネレーション・システム**　発電の際に発生する熱を再利用するという考えです。コジェネと略され頻繁に用いられています。

8-5
21世紀型交通インフラとパワー半導体

前節では自動車への燃料電池の応用をみましたので、ここでは鉄道などの交通インフラをみてゆきます。最近、ガソリンエンジンよりクリーンなエネルギーということで鉄道が見直されてきています。

▶▶ 高速鉄道網とパワー半導体

オバマ大統領の政策で米国にも高速鉄道網を作ろうという動きになっています。米国だけでなく、**高速鉄道網**の需要がある国には、我が国の新幹線システムの売り込みに官民一体で取り組んでいます。国内も新青森と鹿児島中央が新幹線で結ばれ、高速鉄道への期待が高まっています。図表8-5-1に世界のリニア以外の高速鉄道網の需要をまとめてみました。北米や欧州に加え、BRICsなどの新興国やベトナム、マレーシアなどでも需要があります。この高速鉄道網を見込んでパワー半導体の需要も期待されています。

世界の主な高速鉄道網計画概要（図表8-5-1）

- 英国・西ヨーロッパ（多数）
- ロシア（モスクワ～サンクトペテルブルク）
- カナダ（トロント～ケベック）
- モロッコ（タンジェ～ケニトラ）
- 中国（北京～上海）
- ヴェトナム（ハノイ～ホーチミン）
- 米国（サンフランシスコ～ロスアンジェルス）
- 米国（テキサス～フロリダ）
- インド（多数）
- 南アフリカ（ヨハネスブルク～ダーバン）
- マレーシア～シンガポール
- アルゼンチン（ブエノスアイレス～コルドバ）
- ブラジル（リオデジャネイロ～ピーナス）

出典：各種資料や報道をもとに作成

第8章 パワー半導体が拓く未来予想図

路面電車の見直し

　高速鉄道だけではありません。身近なところで鉄道が見直されています。筆者の少年時代は大都会でも地方都市でも、路面電車が走っていました。筆者も大学生の頃まで乗っていましたが、路面電車は車社会では邪魔者扱いにされ、撤去されていきました。最近は地方都市の一部に残るだけです。しかし、今でも長崎や函館のように観光客の足になって活躍しているところもあります。図表8-5-2に国内の路面電車のマップを示してみました。国土交通省によると17都市19事業者で総延長が約206km（平成22年3月末時点）だそうです。このうち、富山市では既に**LRT**(Light Rail Transit)を導入して注目を集めています。

　最近は路面電車を復活させる動きが出ているようです。最近では、東京では銀座と晴海を結ぶ次世代路面電車の計画を考えている報道がありました。我が国でも国土交通省が**LRTプロジェクト**を立ち上げ、LRT導入支援策を計画しています。図表8-5-3には富山市のLRTを示します。

日本の路面電車の概要（図表8-5-2）

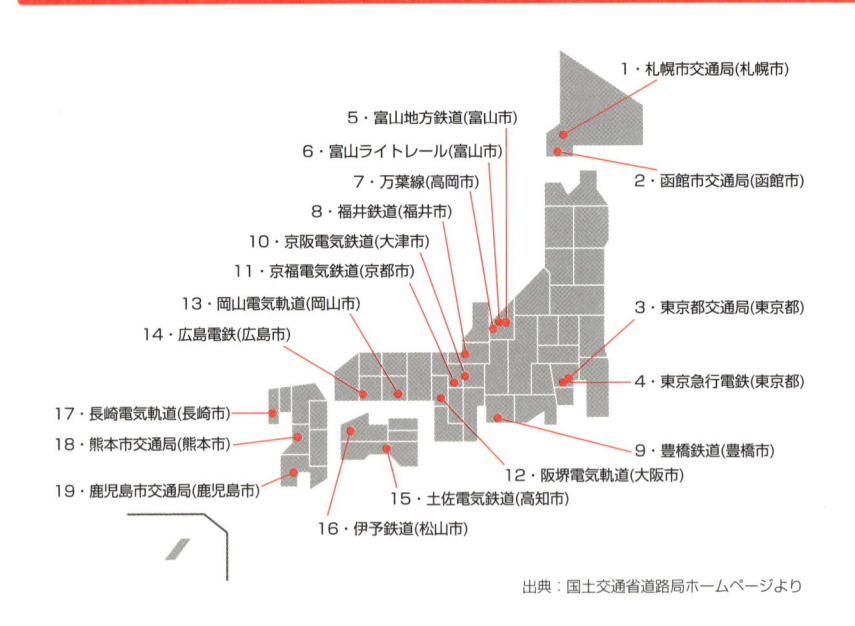

- 1・札幌市交通局(札幌市)
- 2・函館市交通局(函館市)
- 3・東京都交通局(東京都)
- 4・東京急行電鉄(東京都)
- 5・富山地方鉄道(富山市)
- 6・富山ライトレール(富山市)
- 7・万葉線(高岡市)
- 8・福井鉄道(福井市)
- 9・豊橋鉄道(豊橋市)
- 10・京阪電気鉄道(大津市)
- 11・京福電気鉄道(京都市)
- 12・阪堺電気軌道(大阪市)
- 13・岡山電気軌道(岡山市)
- 14・広島電鉄(広島市)
- 15・土佐電気鉄道(高知市)
- 16・伊予鉄道(松山市)
- 17・長崎電気軌道(長崎市)
- 18・熊本市交通局(熊本市)
- 19・鹿児島市交通局(鹿児島市)

出典：国土交通省道路局ホームページより

富山市のLRT「セントラム」（図表8-5-3）

　このように高速鉄道以外の鉄道関係でもパワー半導体の出番が増えてくると思います。日本と似た都市交通インフラが多い西ヨーロッパでもLRTは普及が進んでいます。余談ですが、筆者は幸いにも、仕事で行ったドイツのシュツットガルト（Stuttgart）でLRT（S-Bahnと呼んでいます）に乗りました。悪くない乗り心地でした。シュツットガルトは地下鉄（U-Bahnと呼んでいます）も走る都市ですが、両者共存しているようです。空港や郊外とのアクセスは地下鉄で、市の中心街での移動はLRTという役割分担が決まっているモデルのようです。

▶▶ 電動自転車も

　また、我が国では法令の関係で電動自転車はまだ普及していません。あくまで電動アシスト自転車ですが、今後の高齢化社会に備えて、自動車でなくても、ちょっとした買い物や用事に使用できる完全電動自転車の普及が期待されます。
　また、紙面の都合上8-4には記しませんでしたが、燃料電池を用いたオートバイも自動車と同じく、2015年の実用化を目指して開発されていることを紹介しておきます。

8-6
期待される横断的テクノロジーとしてのパワー半導体

21世紀型エネルギーネットワークに占めるパワー半導体の役割は、色々な分野での横断的テクノロジーとして期待されるポテンシャルを有しています。

▶▶ パワー半導体の復権

ここでは第3章でも出してみたパワー半導体の大きな役割の図を、少し手直しして図表8-6-1に再掲載してみました。パワー半導体はエネルギー供給側とエネルギー需要側から高効率化、低コスト化、高性能化などで期待される分野といえます。つまり、上流側からも下流側からも期待の重圧にさらされるデバイスともいえます。会社でたとえれば、経営者と従業員の間に立って苦労をする中間管理職のようなものでしょうか？　しかし、一方では応用範囲も広く、その横断的テクノロジーとなりうる潜在力があると思います。

しかも、技術的課題は第5章から第7章で触れたように基板材料からデバイス構造まで幅広く存在します。第3章でも少し触れましたが、我が国の半導体産業を見直す面でも好適な分野と思われます。かつては世界シェアの半分を確保し、世界一を誇っていた日本の半導体産業ですが、いまでは世界シェアの20％を切る状況のため、日本の半導体は駄目だというような論調もあります。しかし、一方ではパワー半導体の分野では3-1で簡単に触れたように健闘しています。パワー半導体は基板材料の開発から応用製品まで、ノウハウの塊のようなものであると思います。いわゆる"垂直統合型"のモデルが成り立つ分野です。例えば、ファブレスのパワー半導体メーカが成り立つかというようなことを考えてみても、この分野では我が国の半導体メーカが生き残ってゆく道があるように筆者には思われます。

▶▶ 時代のキーワードになりうるか？

その時々でキーワードは刻々変わってゆきます。しかし、21世紀は環境・エネルギーの世紀というのは当面変わらないのではないかと思います。そんな中、パワー半導体の活躍できる応用市場の開発が、グリーンディール政策やスマートグリッド

8-5 期待される横断的テクノロジーとしてのパワー半導体

戦略にますます重要になっていると思われます。

　繰り返しになりますが、パワー半導体は基板材料の開発から応用製品まで、ノウハウの塊のようなものであり、その分野に強みを有する我が国の参画企業の飛躍を祈念してこの本を終わりとします。

パワー半導体の復権（図表8-6-1）

我が国の強み
- 現状シェア大
- 基板技術に強い
- 再生可能エネルギーの開発進む
- など

横断的テクノロジー分野

エネルギー供給源
↓ 期待
パワー半導体(パワーエレクトロニクス)
↑ 期待
エネルギー需要者

- 従来電源
- 再生可能電源
- 鉄道
- 自動車
- 無停電電源
- 家電
- その他

Appendix

索引

図解入門
How-nual

索引 INDEX

数字

(100)基板 ･･････････････････････ 54
4H ･･････････････････････････ 106

A

AC ･･････････････････････ 17,20,32
active element ･･････････････････ 13
AS ･････････････････････････ 130
ASIC ････････････････････････ 130

C

CHAdeMO ･･･････････････････ 152
Chokoralsky ･･････････････････ 97
CMOS ･･････････････････････ 57
CPU ････････････････････････ 16
CSTBT ･････････････････････ 126
CVCF ･･･････････････････････ 76
CZ法 ････････････････････････ 98

D

Dash Necking ････････････････ 100
DC ･･････････････････････ 17,20,32
DIP ････････････････････････ 129

E

EV ･････････････････････････ 73

F

FET ･････････････････････････ 25
FS型 ･･･････････････････････ 124
FZ法 ････････････････････････ 98

G

GaN ･･････････････････ 84,108,142
GaN FET ･･･････････････････ 143
GE ･･････････････････････････ 21
GTOサイリスタ ･･･････････････ 43,70

H

HEMT ･･････････････････････ 146
HV ･････････････････････････ 73

I

IC ･･････････････････････････ 19
IEGT ･･･････････････････････ 125
IGBT ･･････････････････ 28,48,117,125
IH ･･････････････････････････ 78
IPM ････････････････････････ 128

J

JEC ･････････････････････････ 91
JISC ･･･････････････････････ 152

L

LED ････････････････････････ 79

LRT ・・・・・・・・・・・・・・・・・・・・・・・・・・ 160
LRTプロジェクト ・・・・・・・・・・・・・・ 160
LSI ・・・・・・・・・・・・・・・・・・・・・・・・・・・・ 19

M

MEMS ・・・・・・・・・・・・・・・・・・・・・・・・・ 16
MOS LSI ・・・・・・・・・・・・・・・・・・・・・・ 56
MOSFET ・・・・・・・・・・・・・・・・・・・・・・ 44
MOS型 ・・・・・・・・・・・・・・・・・・・・・・・・ 87
MOSトランジスタ ・・・・・・・・・・・・・ 36
MPU ・・・・・・・・・・・・・・・・・・・・・・・・・・ 16

N

NANDフラッシュ ・・・・・・・・・・・・・・ 64
NIST ・・・・・・・・・・・・・・・・・・・・・・・・・ 152
NPT型 ・・・・・・・・・・・・・・・・・・・・・・・ 121
NTD法 ・・・・・・・・・・・・・・・・・・・・・・・ 103
nチャンネル ・・・・・・・・・・・・・・・・・・・ 44
n型領域 ・・・・・・・・・・・・・・・・・・・・・・・ 23

P

pn接合 ・・・・・・・・・・・・・・・・・・・・ 22,34
PT型 ・・・・・・・・・・・・・・・・・・・・・・・・・ 121
p型領域 ・・・・・・・・・・・・・・・・・・・・・・・ 23

S

SCR ・・・・・・・・・・・・・・・・・・・・・・・ 21,41
SEMI ・・・・・・・・・・・・・・・・・・・・・・・・・ 94
SiC ・・・・・・・・・・・・・・・・・・ 84,105,136
SiCインバータ ・・・・・・・・・・・・・・・ 139
Siemens法 ・・・・・・・・・・・・・・・・・・・・ 96

T

TRIAC ・・・・・・・・・・・・・・・・・・・・・・・・ 43

U

UPS ・・・・・・・・・・・・・・・・・・・・・・・・・・ 76

V

VD-MOSFET ・・・・・・・・・・・・・・・・・・ 45
VVVF ・・・・・・・・・・・・・・・・・・・・・・・・ 70

W

WiMAX ・・・・・・・・・・・・・・・・・・・・・・ 146

あ行

イレブン・ナイン ・・・・・・・・・・・・・・ 96
インバータ ・・・・・・・・・・・・・・・・・ 18,37
インピーダンス ・・・・・・・・・・・・・・・・ 44
ウェーハ薄化 ・・・・・・・・・・・・・・・・・ 120
ウェーハメーカ ・・・・・・・・・・・・・・・ 110
裏面アニール ・・・・・・・・・・・・・・ 60,121
エネルギーバンド ・・・・・・・・・・・・・ 106
エピタキシャル成長 ・・・・・・・・・・・・ 59
エピタキシャルウェーハ ・・・・・・・・ 59
エミッタ ・・・・・・・・・・・・・・・・・・・・・・ 38
エンハンスメント型 ・・・・・・・・ 44,144
オン・オフ比 ・・・・・・・・・・・・・・・・・・ 44
オン抵抗 ・・・・・・・・・・・・・・・・・・ 53,117
オーミックコンタクト ・・・・・・・・・ 142

か行

回路検証 ・・・・・・・・・・・・・・・・・・・・・・ 57

索引

167

化合物半導体	84,134	三極真空管	48
可制御素子	88	三相交流送電	66
価電子帯	105	三端子デバイス	38
渦電流	79	集積回路	19
可変電圧可変周波数型	70	集中型大規模電源	150
還流ダイオード	128	周波数変換	79
ガスドーピング法	103	周波数変換所	66
キャリア	22,87	主機	74,142
禁制帯	86,105	昇圧・降圧回路	74
逆変換	18	昇華法	106
逆方向	23	少数キャリア	23,37
空乏層	86	ショットキーバリアダイオード	132
クラーク数	94	シリコン	54,84,94
クリーンエネルギー	148	シリコンウェーハ	94
グリーンディール政策	148	シリコン系ガス	59
結晶方位	97	シリコンサイリスタ	70
ゲルマニウム	22	シリコン制御整流器	41
高純度多結晶シリコン	97	シリコン整流器	70
高速鉄道網	159	シリコンの限界	134
光電変換装置	154	新幹線	70
交流	17,20,32	真空管	48
交流電化	69	真性半導体	97
国立標準技術研究所	152	受動素子	13
コレクタ	18,33,38	順返還	18
コージェネレーション・システム	158	順方向	23
		常時インバータ給電式	76
■ さ行		時励式	41
		ジーメンス法	96
再生可能エネルギー	148	水銀整流器	21
サイリスタ	21,41	スイッチング	11,115
サセプター	107	スイッチング損失	126
サブスレショルド特性	144		

索引

項目	ページ
スマートグリッド	150
スマートメータ	152
正孔	21
整流	11
整流作用	18,32
接地	38
接合	21
接合面	23
先端ロジック	57
絶縁ゲート型バイポーラトランジスタ	28,49
絶縁耐圧	136
送電	66
ゾーンメルティング法	98

た行

項目	ページ
耐圧	22,54
太陽電池	154
多結晶	96
多数キャリア	23
多数キャリア	37
多層配線工程	58
縦型	142
縦型IGBT	50
縦型二重拡散型	45
種結晶	97
種付き昇華再結晶法	106
他励式	41
炭化硅素	84,105
単機能半導体	10,14
短周期律表	94
単相交流	33
ダイオード	32
大規模集積回路	19
大口径化	97
ダングリングボンド	138
窒化ガリウム	84,108
チャデモ	152
チャネル	27
中央演算処理装置	16
中性子照射法	103
注入促進型絶縁ゲートトランジスタ	125
チョクラルスキー法	97
直流	17,20,32
直流チョッパー方式	75
直流電化	69
直流送電	66
チョッパー	139
定格	91
抵抗率	103
低電圧低周波方式	76
転位	100
転流回路	43
ディスクリート半導体	14
ディプレッション型	144
デューティー比	140
電圧駆動	36
電圧制御	44
電界効果型トランジスタ	25
電荷蓄積型トレンチバイポーラトランジスタ	126

電気自動車 ･････････････････ 73
電気分解 ････････････････ 156
電子 ･･･････････････････ 21
電子デバイス ･･････････････ 10
電子部品 ･････････････････ 10
伝導帯 ･････････････････ 105
電流駆動 ････････････････ 36
電流コラプス ･････････････ 143
電流制御 ････････････････ 44
電力損失 ･･･････････････ 117
電力の変換 ･･････････････ 14,115
電力変換装置 ･････････････ 83
トライアック ･････････････ 43
トリクロルシラン ･･････････ 96
トレンチ型 ･･････････････ 114

な行

ニコル・テスラ ･･･････････ 20
二次元電子ガス密度 ････････ 145
二相交流 ････････････････ 33
日本工業標準調査会 ････････ 152
ネッキング ･････････････ 100
燃料電池 ････････････････ 156
能動素子 ･･････････････ 11,13
ノンパンチスルー ･････････ 119
ノーマリーオフ ･･･････････ 44,144
ノーマリーオン ･･････････ 144

は行

配電 ･･･････････････････ 66
ハイブリッド列車 ･･････････ 72

バイポーラ型 ･････････････ 87
バイポーラトランジスタ ････ 22,36
バックエンド ･････････････ 58
バッチ式 ････････････････ 60
バッファー層 ････････････ 142
バンドギャップ ･･･････ 86,105,108
パワーMOSFET ･･･････････ 44,114
パワーエレクトロニクス ･･･ 19,83
パワーコンディショナー ････ 155
パワー半導体 ･････････････ 13
ハイブリッド・カー ････････ 73
反転 ･･･････････････････ 27
半導体デバイス ･･･････････ 12
パワーモジュール ･････････ 128
パンチスルー ････････････ 119
非可制御素子 ･････････････ 88
引き上げ法 ･･･････････････ 97
標準電圧 ････････････････ 91
ヒートシンク ････････････ 132
フィールドストップ型 ･････ 122
フェールセーフ ･･････････ 145
不純物ガス ･･････････････ 59
不純物濃度 ･････････････ 102
フローティングゾーン法 ････ 97
分散型電源 ･････････････ 150
プレーナ型 ･････････････ 114
フーコー電流 ････････････ 79
ヘテロエピタキシャル成長 ･･ 108
変換効率 ････････････････ 67
偏析 ･･････････････････ 102
ベベル ･････････････････ 60

ベルヌーイチャック ・・・・・・・・・・・・・・ 121
ベース ・・・・・・・・・・・・・・・・・・・・・・・・・ 38
飽和電圧 ・・・・・・・・・・・・・・・・・・ 117,126
補機 ・・・・・・・・・・・・・・・・・・・・・・ 74,142

ま行

マイクロプロセッシングユニット ・・・・・ 16
枚様式 ・・・・・・・・・・・・・・・・・・・・・・・・・ 60
脈流 ・・・・・・・・・・・・・・・・・・・・・・・・・・・ 32
無停電電源装置 ・・・・・・・・・・・・・・・・・ 76
メガソーラ ・・・・・・・・・・・・・・・・・・・・・ 155

や行

誘導モータ ・・・・・・・・・・・・・・・・・・・・・ 69
ユニポーラトランジスタ ・・・・・・・・・・・ 37
ユニポーラ型 ・・・・・・・・・・・・・・・・・・・ 87
溶液成長 ・・・・・・・・・・・・・・・・・・・・・ 106
横型 ・・・・・・・・・・・・・・・・・・・・・・・・・ 142
横型IGBT ・・・・・・・・・・・・・・・・・・・・・ 51

ら行

ライトレール ・・・・・・・・・・・・・・・・・・・・ 69
ライフタイムコントロール ・・・・・・・・・ 119
ラッチ ・・・・・・・・・・・・・・・・・・・・・・・・・ 41
ラッチアップ ・・・・・・・・・・・・・・・・・・・・ 59
リアクタンス ・・・・・・・・・・・・・・・・・・・・ 66
リセス化 ・・・・・・・・・・・・・・・・・・・・・・ 146
リップル電流 ・・・・・・・・・・・・・・・・・・・ 32
両面アライナー ・・・・・・・・・・・・・・・・ 124
六方晶 ・・・・・・・・・・・・・・・・・・・・・・・ 106

わ行

ワイドギャップ半導体 ・・・・・・・・・・・・ 86

参考文献

この本を書くにあたり参考にした主な著書は以下のとおりです。
パワー半導体全体に関しては
1) "パワーMOS FETの応用技術" 山崎浩、日刊工業新聞社（1988）
2) "パワーエレクトロニクス学入門" 河村篤男編著、コロナ社
3) "パワーエレクトロニクスとその応用" 岸敬二、東京電機大学出版局
  鉄道や自動車への応用では
4) "図解「鉄道の科学」" 宮本昌幸、講談社ブルーバックス
5) "とことんやさしい電気自動車の本" 廣田幸嗣、日刊工業新聞社

などを参考にさせていただきました。また、著書や論文の一部を参考にさせていただいたものもあります。すべて挙げ切れませんが、感謝いたします。なお、参考に取り上げさせていただいた図や写真は出典を記しております。
  なお、業界動向などは
・半導体産業新聞
・電子ジャーナルの配信ニュース

などをはじめ、各メディアの報道を参考にしました。なお、行政や各企業のHPの資料も使用させていただきました。感謝致します。

著者紹介

佐藤淳一(さとう　じゅんいち)

京都大学大学院工学研究科修士課程修了。1978年、東京電気化学工業(株)(現TDK)入社。1982年、ソニー(株)入社。一貫して、半導体や薄膜デバイス・プロセスの研究開発に従事。この間、半導体先端テクノロジーズ(セリート)創立時に出向、長崎大学工学部非常勤講師などを経験。

現在はナノフロント研究所代表として半導体技術コンサルタント、テクニカルライターとして活動。応用物理学会員。

著書:「CVDハンドブック」(分担執筆、朝倉書店)
　　　:「図解入門よくわかる最新半導体プロセスの基本と仕組み」(秀和システム)
　　　:「図解入門よくわかる最新半導体製造装置の基本と仕組み」(秀和システム)
　　　:「実践ゼミナール 半導体の基礎強化書」(秀和システム)

図解入門よくわかる
最新パワー半導体の基本と仕組み

発行日　2011年4月29日　　　　　　第1版第1刷

著　者　佐藤　淳一

発行者　斉藤　和邦
発行所　株式会社　秀和システム
　　　　〒107-0062　東京都港区南青山1-26-1 寿光ビル5F
　　　　Tel 03-3470-4947(販売)
　　　　Fax 03-3405-7538

印刷所　三松堂印刷株式会社　　　　　Printed in Japan

ISBN978-4-7980-2924-5 C3054

定価はカバーに表示してあります。
乱丁本・落丁本はお取りかえいたします。
本書に関するご質問については、ご質問の内容と住所、氏名、電話番号を明記のうえ、当社編集部宛FAXまたは書面にてお送りください。お電話によるご質問は受け付けておりませんのであらかじめご了承ください。

「半導体」関連書籍

図解入門よくわかる最新半導体の基本と仕組み [第2版]

著 者：西久保靖彦
本体価格：1,800円　ISBNコード：978-4-7980-2863-7

[内容] LSIの開発と設計、製造の工程、半導体デバイス応用と最新技術を図表を使ってわかりやすく解説した半導体入門書の第2版です。基礎力の理解を深めることと、半導体業界の最新情報に重点をおき、第1版から大幅に加筆し、さらに設計・製造・デバイス・LSI応用技術などを最新情報にアップデート。半導体の基本動作、原理、イメージセンサ、トランジスタ微細化、発光ダイオード、フォトダイオード、半導体レーザー、ユニバーサルメモリ、パワー半導体、白色LED、無線通信ICタグなど半導体の基本と仕組みを幅広く解説しています。半導体業界で活躍するエンジニアと、半導体エンジニアを志す人におすすめします。

図解入門よくわかる最新半導体プロセスの基本と仕組み

著 者：佐藤淳一
本体価格：1,800円　ISBNコード：978-4-7980-2523-0

[内容] シリコンウェーハから半導体ファブ、前工程、後工程までのすべての半導体プロセスの基本と仕組みがわかる入門書です。半導体業界は0兆円近い規模の市場を持つ巨大産業です。本書は、エンジニアの方や半導体関連企業で働く方のために、半導体の作り方を前工程のプロセスから、洗浄・乾燥ウエットプロセス、イオン注入・熱処理プロセス、リソグラフィー・プロセス、エッチング装置、成膜プロセス、平坦化（CMP）プロセス、後工程のプロセスフローまで豊富なイラストと図表を使って、実際の製造現場を知らない方にもイメージしやすく解説しています。また、現場で用いられている専門用語も解説しました。

図解入門よくわかる最新半導体装置の基本と仕組み

著 者：佐藤淳一
本体価格：1,800円　ISBNコード：978-4-7980-2610-7

[内容] 半導体製造装置の構造、構成から検査、測定、解析装置まで豊富なイラストで解説した入門書です。半導体製造装置を半導体ファブの視点から各装置の構造、構成まで俯瞰し、半導体製造装置、洗浄・乾燥装置、イオン注入装置、熱処理装置、成膜装置、エッチング装置、リソグラフィー装置、平坦化装置、検査・解析装置、後工程装置について、図表やイラストを使ってわかりやすく説明。現場で使われている用語も交えて、現場に近い視点で解説しています。

実践ゼミナール 半導体の基礎強化書

著 者：佐藤淳一
本体価格：2,600円　ISBNコード：978-4-7980-2829-3

[内容] これからの日本半導体産業を支える新人エンジニア向けに、半導体を基礎から学べる独習書です。本書ではシリコン半導体、とりわけMOSデバイスの背景から動作原理、MOS　LSIの初歩までを独学できるように解説。各章ごとに演習問題も用意し、問題解答を読むことでさらに理解を深めます。また、半導体産業の最前線でエンジニアとして活躍していた著者の面白い経験談などをコラム形式で掲載。これから日本の半導体産業を担う、工業高校、高専、大学の学生、そして半導体産業に関わる新社会人におすすめします。